超時短 Photoshop

選択範囲とマスク 速攻アップ

Adobe Photoshop CC 2018: Better brush organization / Brush performance improvements / Access Lightroom Photos / Brush stroke smoothing / Exclusive brushes from Kyle T. Webster / Variable fonts / Quick Share menu / Curvature Pen tool / Path improvements / Copy and paste layers / Enhanced tooltips / 360 panorama workflow / Properties panel improvements / Support for Microsoft Dial / Paste as plain text / Support for HEIF / Select and Mask improvements / Adobe Photoshop CC 2017: In-app search / Tighter integration with Adobe XD / Ways to get started faster / Adobe Stock templates and search / Enhanced Properties panel and so much more...

柘植ヒロポン 著

技術評論社

ご購入・ご利用前に必ずお読みください

●本書記載の情報は、2017年11月13日現在のものになりますので、ご利用時には変更されている場合もあります。また、ソフトウェアはバージョンアップされる場合があり、本書での説明とは機能内容や画面図などが異なってしまうこともあり得ます。本書ご購入の前に必ずソフトウェアのバージョン番号をご確認ください。

● Photoshop については、執筆時の最新バージョンである CC 2017に基づいて解説していますが、CC 2018に対応していることを確認しております。

●本書に記載された内容は、情報の提供のみを目的としています。本書の運用については、必ずお客様自身の責任と判断によって行ってください。これらの情報の運用の結果について、技術評論社および著者はいかなる責任も負いかねます。また、本書の内容を超えた個別のトレーニングにあたるものについても、対応できかねます。あらかじめご承知おきください。

●サンプルファイルの利用は、必ずお客様自身の責任と判断によって行ってください。これらのファイルを使用した結果生じたいかなる直接的・間接的損害も、技術評論社、著者、プログラムの開発者、ファイルの制作に関わったすべての個人と企業は、一切その責任を負いかねます。

以上の注意事項をご承諾いただいた上で、本書をご利用願います。これらの注意事項をお読みいただかずに、お問い合わせいただいても、技術評論社および著者は対処しかねます。あらかじめ、ご承知おきください。

本文中に記載されている製品の名称は、一般にすべて関係各社の商標または登録商標です。

はじめに

「簡単に画像を加工できるソフトウェアだと思っていたけど、いざ触ってみると難しいなぁ。」
私が大学生の頃、はじめて Photoshop に出会ったときの率直な感想です。
時を経て、グラフィックやエディトリアルの現場で仕事をさせていただくようになり、Photoshop は避けては通れない存在として長年向き合ってきました。
そこで思うのは、「Photoshop は選択範囲の作成から始まる」と言ってよいほど、選択範囲の作成は、補正やレタッチ、合成などあらゆる表現をするための、はじめの一歩となる重要な作業だということです。
選択範囲を正確に作成するのはもちろんのこと、その特性を活かして用途で使い分けができるかどうかで、仕事の効率や、仕上がりの品質を大きく左右します。

本書は、「選択範囲の作成」に特化しており、選択範囲と密接な関係となる「マスクの編集」についても記述した内容です。Photoshop の経験が浅い方でもわかりやすいように、選択範囲のツールや機能の基本操作、選択範囲とマスクの基礎知識を丁寧に解説しています。また、バージョンアップに伴い、続々と搭載されている選択範囲やマスクに関する新機能について紹介しています。
選択範囲に関する悩みが解決できたなら、きっと、今までの数倍、作業時間が短縮できるようになるでしょう。今まで難しいと思っていた操作が、ちょっとしたコツで一瞬にできたり、知らなかったショートカットキーが見つかり、仕事の効率化に役立つかもしれません。

本書が、Photoshop のスキルアップのサポートとなり、次なる表現への一助になればこの上のない幸いです。

最後に、本書の刊行にあたりご尽力いただきました技術評論社の和田規氏、ならびに関係者のみなさまに、この場をお借りして厚く御礼申し上げます。

2017年11月
柘植ヒロポン

本書の使い方

本書は Photoshop の選択範囲の作成とマスクの編集に関する、知っておくとレタッチ・デザイン作業の効率が上がる Tips を作例を用いて紹介しています。覚えておくと時間短縮になるショートカットキーの紹介からはじまり、思い通りの選択範囲をすばやく作成するツールの使いこなし方や、わかりにくい設定項目の効果を実例で説明しています。

Photoshopのバージョンについて

Photoshop は執筆時点の最新バージョン CC 2017を利用していますが、解説は CC 2018に対応しています。サブスクリプション（定期利用）プランである CC（Creative Cloud）は随時バージョンアップされており、新しい機能が追加されています。新機能は作業の効率化に結びつくものが多いため、古いバージョンで使用されている場合は、最新版にして利用されることをおすすめします。
CS6以前のバージョンでは利用できない機能が含まれてる場合があります。例えば Tip58「ピントの合った部分を選択したい」で利用している［選択範囲］メニューの［焦点領域］は、CC 2014から追加された機能です。
もし Tips がお使いのバージョンで利用できないようなら、以降に追加された機能の可能性があります。Photoshop のバージョンアップの時期ごとの新機能は Adobe 社のサイト https://helpx.adobe.com/jp/photoshop/using/whats-new.html で紹介されています。ご確認のうえ、CC の利用をご検討ください。

キー表記について

本書では Mac を使って解説をしています。掲載した Photoshop の画面とショートカットキーの表記は Mac のものですが、Windows でも（小さな差異はあっても）同様ですので問題なく利用することができます。ショートカットで用いる機能キーについては、Mac と Windows は以下のように対応しています。本書でキー操作の表記が出てきたときは、Windows では次のとおり読み替えて利用してください。

Mac		Windows
⌘ (command)	=	Ctrl
Option	=	Alt
Return	=	Enter
Control ＋クリック	=	右クリック

作例ファイルについて

本書で使用している作例ファイルはサンプルとして利用できるようになっています。弊社ウェブサイトからダウンロードできますので、以下の URL から本書のサポートページを表示してダウンロードしてください。その際、下記の ID とパスワードの入力が必要になります。

http://gihyo.jp/book/2017/978-4-7741-9428-8/support

[ID] jitanps　　　　　　　　　[Password] select

ダウンロードした写真は著作権法によって保護されており、本書の購入者が本書学習の目的にのみ利用することを許諾します。それ以外の目的に利用すること、二次配布することは固く禁じます。また購入者以外の利用は許諾しません。

ファイル容量が大きいため、ダウンロードには時間がかかる場合があります。またご利用のインターネット環境や時間帯により、うまくダウンロードできないことがありますので、その場合は異なる環境を試したり、時間を空けて再度お試しください。

任意のサービスですのでファイルの取得から利用までご自身で解決していただき、ダウンロードに関するお問い合わせはご遠慮ください。

一部の写真は、無料で使用が可能な写真素材サイト「写真素材 足成」の素材を使用しています。その場合は、ページの下部に利用写真の URL を表記していますので、足成のサイトから直接ダウンロードしてご利用ください。

足成の利用方法については、http://www.ashinari.com/about/guide/index.phpをご覧ください。利用にはブラウザーのAdobe Flash Playerプラグインを有効にする必要があります。

ソフトウェアについてのご注意

● Adobe Photoshop CC アプリケーションはご自身でご用意ください。デスクトップアプリケーションの Photoshop で、モバイル向け Photoshop Fix / Mix / Sketch ではありません。

●同じ Adobe 社の販売している Photoshop Elements は、本書で解説している Photoshop CC とは別のソフトになります。本書は対応しておりませんので、ご注意ください。

●ソフトウェアの不具合や技術的なサポートが必要な場合は、アドビシステムズ株式会社ウェブ上の「アドビサポート」ページをご利用いただくことをおすすめします。https://helpx.adobe.com/jp/support.html

Contents

本書の使い方   4

Part 1 基本技でスピードアップ
9

Tip 01	→ 選択範囲とは?	10
Tip 02	→ 他ツールから選択系ツールにすばやく切り替えたい	12
Tip 03	→ 隠れているサブツールをすばやく選択したい	13
Tip 04	→ 正円・正方形の選択範囲を作成したい	14
Tip 05	→ 画像全体を一発で選択したい	15
Tip 06	→ 選択範囲に一部追加・削除をしたい	16
Tip 07	→ クリックせずに選択範囲を解除したい	18
Tip 08	→ 選択範囲の境界線を一時的に隠したい	19
Tip 09	→ 選択のドラッグ中に開始位置をずらしたい	20
Tip 10	→ 選択範囲だけを移動したい	21
Tip 11	→ 選択範囲をピクセル単位で移動したい	22
Tip 12	→ 選択範囲を数値指定して移動したい	23
Tip 13	→ 数値を指定して選択範囲を作成したい	24
Tip 14	→ 比率を固定して選択範囲を作成したい	25
Tip 15	→ 縦横の比率を入れ替えて選択範囲を作成したい	26
Tip 16	→ 選択範囲の画像をすばやく複製したい	27
Tip 17	→ 選択範囲をすばやく反転したい	28
Tip 18	→ 選択範囲を拡大・縮小したい	29
Tip 19	→ ピクセル数を指定して選択範囲を拡大・縮小したい	30
Tip 20	→ [選択範囲を拡張]と[選択範囲を変更]→[拡張]の違いは?	31
Tip 21	→ 選択範囲を変形したい	33
Tip 22	→ 選択範囲の境界線をふちどりたい	35
Tip 23	→ ギザギザした角のある選択範囲を滑らかにしたい	36
Tip 24	→ 選択範囲の境界のぼかし具合を確認したい	37

Part 2 形による選択テクニック
39

Tip 25	→ 形で選択するツールの使い分けは?	40
Tip 26	→ [なげなわ]ツールでマウスから手を放しても失敗しないようにするには?	42
Tip 27	→ [マグネット選択]ツールで輪郭から外れてしまったら?	44

6

Tip	28	→	[マグネット選択]ツールできれいに固定ポイントが配置されない	45
Tip	29	→	[マグネット選択]ツールの固定ポイント数を調整したい	46
Tip	30	→	選択範囲をパスに変換したい	47
Tip	31	→	選択範囲をパスに変換したらアンカーポイントの数が多すぎる	48
Tip	32	→	パスを選択範囲にすばやく変換したい	49
Tip	33	→	パスから変換するときに選択範囲の境界をぼかしたい	50
Tip	34	→	選択範囲の曲線部分を調整したい	51
Tip	35	→	楕円形の選択範囲を失敗せずに作成したい	53

Part 3 色による選択テクニック
55

Tip	36	→	色で選択する方法は？	56
Tip	37	→	[クイック選択]ツールで余計な部分が選択されてしまったら？	58
Tip	38	→	[クイック選択]ツールですばやく正確に選択するには？	59
Tip	39	→	[クイック選択]ツールの選択範囲の境界線をきれいにしたい	60
Tip	40	→	選択対象以外の色調が統一されている場合の選択方法は？	62
Tip	41	→	[自動選択]ツールで選択が不十分な場合は？	63
Tip	42	→	[自動選択]ツールで余計な部分が選択されてしまったら？	64
Tip	43	→	[自動選択]ツールで選択する範囲を広げたい	65
Tip	44	→	[自動選択]ツールで画像上の同じ色はすべて選択したい	66
Tip	45	→	[クイック選択]ツールと[自動選択]ツールの使い分けは？	67
Tip	46	→	特定の色だけを選択したい	69
Tip	47	→	人物の肌だけを選択したい	72

Part 4 選択に関する実践テクニック
73

Tip	48	→	トリミングの範囲をあとから変更したい	74
Tip	49	→	「背景」で選択範囲以外を透明にしたい	76
Tip	50	→	選択範囲の大きさにカンバスを縮小したい	77
Tip	51	→	選択範囲にパスの範囲を追加・削除したい	78
Tip	52	→	選択範囲を新規レイヤーにすばやく複製したい	80
Tip	53	→	選択範囲をカットして新規レイヤーにしたい	81
Tip	54	→	選択範囲だけ色を変更したい	82
Tip	55	→	選択範囲または透明部分以外を塗りつぶしたい	83
Tip	56	→	選択範囲と同じサイズのドキュメントを作成したい	85
Tip	57	→	選択範囲の境界線の汚れを削除したい	86
Tip	58	→	ピントの合った部分だけを選択したい	87

Part 5 選択範囲とマスクのテクニック

91

Tip **59**	→	選択範囲とアルファチャンネル、マスクの関係	92
Tip **60**	→	選択範囲を何度でも使えるようにしたい	96
Tip **61**	→	アルファチャンネルに保存した選択範囲に追加したい	97
Tip **62**	→	アルファチャンネルに保存した選択範囲から一部を削除したい	99
Tip **63**	→	アルファチャンネルの選択範囲を編集したい	101
Tip **64**	→	アルファチャンネルの選択範囲を画像を見ながら編集したい	103
Tip **65**	→	アルファチャンネルを含めてファイルに保存したい	104
Tip **66**	→	選択範囲をできるだけ小さなファイル容量で保存したい	105
Tip **67**	→	カラーチャンネルから選択範囲を作成する	107
Tip **68**	→	選択範囲を別のファイルで使用したい	110
Tip **69**	→	クイックマスクとアルファチャンネルの違いは?	112
Tip **70**	→	画像を見ながら境界をぼかした選択範囲を作成したい	113
Tip **71**	→	大きくぼかして自然に色調を変化させたい	115
Tip **72**	→	曖昧な輪郭の形をブラシで選択したい	117
Tip **73**	→	マスク編集時の半透明の赤色を変更したい	120
Tip **74**	→	クイックマスクをアルファチャンネルに変換したい	122
Tip **75**	→	選択範囲をレイヤーマスクにしたい	123
Tip **76**	→	選択範囲をベクトルマスクにしたい	125

Part 6 [選択とマスク]完璧マスター

127

Tip **77**	→	[選択とマスク]とは?	128
Tip **78**	→	プレビューの表示を見やすく変更したい	130
Tip **79**	→	[選択とマスク]のツールの使い方は?	134
Tip **80**	→	[エッジの検出]はどのような機能?	137
Tip **81**	→	[グローバル調整]はどのような機能?	140
Tip **82**	→	[不要なカラーの除去]にチェックを入れたほうがよい?	144
Tip **83**	→	[選択とマスク]で調整した選択範囲の使い方は?	146
Tip **84**	→	[選択とマスク]の設定を保持しておきたい	149
Tip **85**	→	レイヤーマスクを[選択とマスク]で調整したい	150
Tip **86**	→	髪の毛をすばやくきれいに選択したい	152
Tip **87**	→	柔らかく曖昧な輪郭をすばやく選択したい	155
		選択範囲とマスクでよく使うショートカットキー一覧	158

基本技で
スピードアップ

Part 1　基本技でスピードアップ

選択範囲とは?

↓

[画像の選択されている境界線内に
含まれているピクセル]

選択範囲を作成すると、選択していない領域は影響を与えず、選択範囲のみが編集可能になります。選択範囲は、256段階の度合いを指定して選択することができます。

1　例えば、画像の一部の色を変更したり、必要な部分を切り取って別の画像に貼り付けて合成する場合、その領域に対して、選択系のツールや機能を使用して選択範囲を作成します。選択範囲は点滅の破線で表示されます。

2　選択範囲外は保護したまま、選択範囲内のみに編集処理が行われます。これは選択範囲の色を変更した例です。

10

3 同じ選択範囲を切り抜き、新規レイヤーに配置した例です。

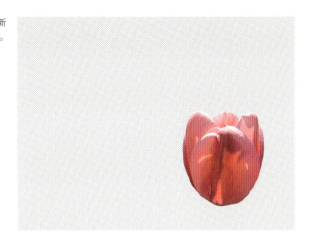

4 選択範囲とは、完全に選択か非選択かのどちらかではなく、中間の選択状態が256段階あります。Photoshopではこれをグレースケールのマスクで指定できます。白は完全に選択されているピクセル、黒はまったく選択されていないピクセル、グレーはその中間の選択状態のピクセルを表します。この例では下部に向かって徐々に選択されている度合いが低くなります。

5 元画像では、このようにぼかしのついた選択範囲になります。

(Point)

グレースケール画像（8bit）は、黒（0）から白（255）までを256階調の灰色の濃淡で表現します。選択範囲は、ピクセルを256段階で選択できます。マスクについては、Tip59を参照してください。

Part 1　基本技でスピードアップ

他ツールから選択系ツールにすばやく切り替えたい

[ツール選択のワンキーショートカットを使う]

頻繁に使用する選択系のツールは、ショートカットキーを覚えておくとよいでしょう。ツールのショートカットキーはワンキーです。Mを押すと［長方形選択］ツール、Lを押すと［なげなわ］ツール、Wを押すと［クイック選択］ツールに切り替わります（もしくはそのグループで最後に使っていたツールに切り替わります）。

1 基本図形で選ぶ［長方形選択］ツール、グループのサブツールである［楕円形選択］ツールはMを押すと選択できます。

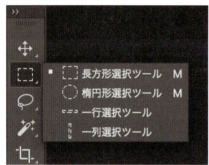

2 不規則な形で囲む［なげなわ］ツール、グループのサブツールである［多角形選択］ツール、［マグネット選択］ツールはLを押すと選択できます。

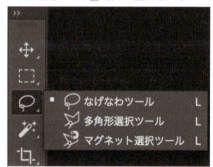

3 Photoshopが自動で選択する［クイック選択］ツール、グループのサブツールである［自動選択］ツールはWを押すと選択できます。

(Point)

Windowsの場合、日本語入力をオンにしていると文字変換が優先されるため、ワンキーのショートカットが効かなくなります。日本語入力をオフにしてからキーを押してください。

Part 1　基本技でスピードアップ

Tip 03

隠れているサブツールをすばやく選択したい

↓

[ツールを Option を押しながらクリック
またはShift を押しながらショートカットキー]

同じツールグループは、長押しするとサブツールが展開されて選択できます。しかし長押し→選択という2段階操作は面倒なので、Option ＋クリックまたは Shift ＋ショートカットキーを使うと便利です。

1 ツールグループのアイコンを長押しするとサブツールが表示されます❶。スライドしてクリックし目的のツールに切り替えます❷。これが標準的な操作です。

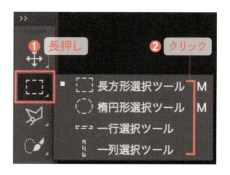

2 ツールを Option を押しながらクリックすれば、ツールが順送りされるのでサブツールを展開する必要がなくたいへん便利です。[長方形選択]ツールのグループでは以下のように切り替わります。

[Point]

環境設定（⌘＋K）の[ツール]にある[ツールの変更にShiftキーを使用]のチェックを外せば、Shift を押さないでグループ内のツールが切り替えられて便利です。

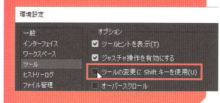

3 ショートカットキーで同じツールグループ内のツールを切り替えるには Shift を同時に押すと、隠れているツール（サブツール）と切り替えができます。

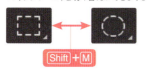

Part 1　　基本技でスピードアップ

Tip

正方形や正円の選択範囲を作成したい

[Shiftを押しながらドラッグする]

正方形や正円の選択範囲は、シンプルな形なので利用度が高くなります。正方形や正円を作成するには Shift を押しながらドラッグします。同時に Option を押すと、中心から外側に向かって選択範囲が作成できます。

1 ［長方形選択］ツールまたは［楕円形選択］ツールを選択し、Shift を押しながら斜めにドラッグすると、正方形や正円の選択範囲が作成できます。

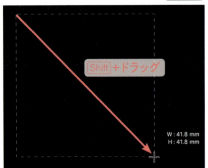 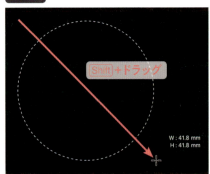

2 Shift と同時に Option を押しながら斜めにドラッグすると、正方形、または正円の中心から外側に向かって選択範囲が作成できます。

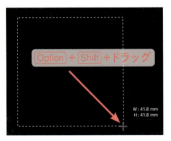 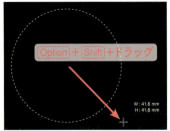

[Point]

CS6以降では、選択範囲の作成時に、現在作成中の幅(W)と高さ(H)のサイズが表示されます。これを［変形値］といいます。正確なサイズを確認しながら選択範囲が作成できます。

14

Part 1　　基本技でスピードアップ

Tip 05

画像全体を一発で選択したい

⬇

⌘＋A で選択できる

「画像全体を選択する」操作は、使用頻度の高い操作です。作業を効率化するためにもショートカットキーを覚えるとよいでしょう。[選択範囲]メニューの[すべてを選択]を選択しても、画像全体が選択できます。

1 画像を開いて⌘＋Aを押します。

2 画像全体が選択範囲になりました。

Part 1　　基本技でスピードアップ

Tip 06

選択範囲に一部追加・削除をしたい

[追加するには Shift を押しながらドラッグ、
一部を削除するには Option を押しながらドラッグ]

形状が複雑な選択範囲を作成するには、選択範囲を追加したり削除する作業が欠かせません。ショートカットキーで操作できると効率がよくなります。また、オプションバーでも選択範囲の追加・削除の操作が行えます。

1 最初に［長方形選択］ツールで選択範囲を作成しました。

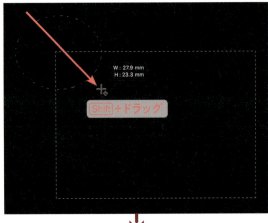

2 すでにある選択範囲に選択範囲を追加する場合は、Shift を押しながらドラッグして選択範囲を作成します。オプションバーの［選択範囲に追加］ボタン❶をクリックしてからドラッグして選択範囲を作成しても、選択範囲が追加できます。

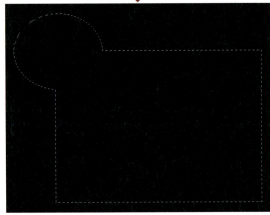

3. すでにある選択範囲から選択範囲の一部を削除する場合は、Option を押しながらドラッグして選択範囲を作成します。オプションバーの[現在の選択範囲から一部削除]ボタン❷をクリックしてからドラッグして選択範囲を作成しても、選択範囲の一部が削除できます。

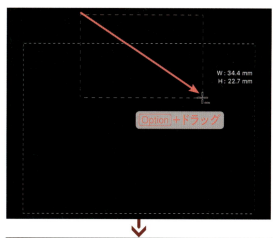

4. すでにある選択範囲に Option + Shift を押しながらドラッグして選択範囲を作成すると、2つの重なった部分だけの選択範囲が作成できます。オプションバーの[現在の選択範囲との共通範囲]ボタン❸をクリックしてからドラッグして選択範囲を作成しても、2つの重なった部分だけの選択範囲が作成できます。

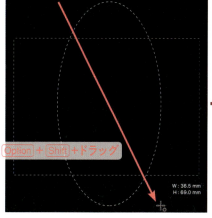

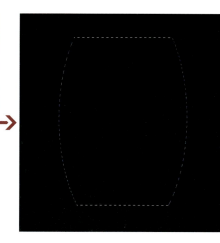

Part 1　基本技でスピードアップ

クリックせずに選択範囲を解除したい

⌘+D で選択解除
⌘+Shift+D で再選択できる

マウスクリックで選択範囲は解除できますが、複雑な作業をしているとき、クリックは意図しない操作になるおそれがあります。キー操作ならその心配がありません。⌘＋D は［選択範囲］メニューの［選択を解除］のショートカットキーです。なお、うっかり選択範囲を解除してしまった場合は、［選択範囲］メニューの［再選択］のショートカットキー ⌘＋Shift＋D で選択範囲を再選択できます。

1. 選択範囲が作成されている状態で⌘+Dを押します。

2. 選択が解除されます。

(Point)

⌘+Shift+D は、最後に選択されていた選択範囲が復活して表示されます。直前の操作であれば、⌘+Z で選択を解除の取り消しができます。

Part 1　基本技でスピードアップ

Tip 08

選択範囲の境界線を一時的に隠したい

[⌘+H で選択範囲の境界線を非表示にできる]

選択範囲に対して効果を適用したとき、効果の確認に選択範囲の境界線（破線）が邪魔になることがあります。そんなとき⌘＋Hで一時的に隠すことができます。再び⌘＋Hを押せば再表示できます。これは［表示］メニューの［エクストラ］のショートカットキーです。

1. 選択範囲が作成されている状態で⌘＋Hを押します。

2. 選択範囲の境界線（破線）を一時的に隠すことができます。再び⌘＋Hを押せば、再表示できます。

19

Part 1　基本技でスピードアップ

Tip 09

選択のドラッグ中に開始位置をずらしたい

⬇

[　選択範囲を作成中に を押したままドラッグする　]

選択範囲を作成するとき、目的の開始位置からずれてしまう場合がありますが、選択範囲の作成途中で Spacebar を押したままドラッグすれば、開始位置を移動できます。

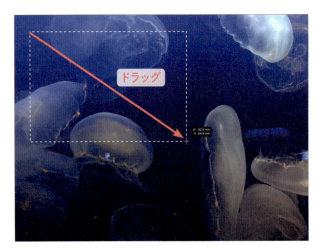

1 選択範囲をドラッグして作成中に本来の開始位置からずれてしまいました。

2 Spacebar を押したままドラッグすると、選択範囲の位置がずらせます。目的の位置で Spacebar を放して、選択範囲の大きさを決めるドラッグを続けられます。

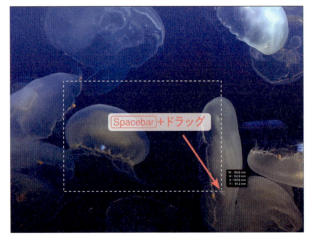

(Point)
CS6以降では［変形値］が表示され、幅（W）と高さ（H）だけでなく、X座標値（X）とY座標値（Y）で現在の位置が確認できます。

Part 1　基本技でスピードアップ

Tip 10

選択範囲だけを移動したい

［長方形選択］ツールなどの選択系のツールで選択範囲内をドラッグする

［移動］ツールでは、選択範囲内の画像も一緒に移動してしまいます。選択範囲の位置を移動したいときは、［長方形選択］ツールなどの選択系のツールを選んで選択範囲内をドラッグします。間違えやすいので注意してください。

1 選択範囲が作成された状態です。［長方形選択］ツールを選択し、選択範囲内にカーソルを移動すると、図のような形状に変わります。

［長方形選択］ツール

(Point)

図のようなカーソルの形状にならない場合は、オプションバーの［新規追加］ボタンが選択されているか確認してください。

2 この状態でドラッグすると、選択範囲が移動できます。

(Point)

ドラッグ中に [Shift] を押して移動すると、45度、90度に固定されて移動できます。

21

Part 1　基本技でスピードアップ

選択範囲をピクセル単位で移動したい

↓

［［長方形選択］ツールなどの選択系のツールを選択しカーソルキーを使う］

選択系のツールを選択してから上下左右の矢印キーを押すと、矢印の方向にpixel単位で選択範囲が移動できます。10pixelずつ移動するには Shift ＋矢印キーを押します。

1 オレンジの選択範囲が作成された状態です。［長方形選択］ツールなどの選択系のツールを選んでおきます。

［長方形選択］ツール

2 1pixel単位で移動できるので、選択範囲の位置を正確に決められます。右図は Shift を押しながら → を5回押して、右方向に50pixel移動しています。

22

Part 1　基本技でスピードアップ

Tip 12

選択範囲を数値指定して移動したい

[選択範囲]メニューの[選択範囲を変形]を選択しオプションバーの[X]と[Y]で数値指定する

[選択範囲を変形]を実行して、オプションバーで［基準点の相対位置を使用］ボタンをクリックすると、現在の基準点の座標を相対位置（0）にして、移動したい数値を指定することができます。単位は初期設定で［px］（ピクセル）ですが、［mm］（ミリメートル）や［cm］（センチメートル）に変更できます。

1 選択範囲を作成して、[選択範囲]メニューの[選択範囲を変形]を選択します。四角形の枠で囲まれた、バウンディングボックスが表示されます。

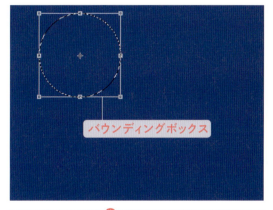

2 オプションバーの[基準点の相対位置を使用]ボタン❶をクリックし、[X]❷と[Y]❸のボックスに移動したい数値を入力します。Returnを押すと数値が決定され、もう一度Returnを押すと、バウンディングボックスが消えて選択範囲の位置が決定します。

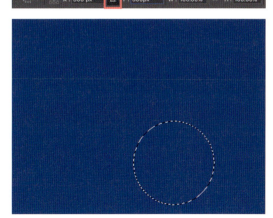

(Point)

オプションバーの[X]と[Y]の単位は、[mm]や[cm]をボックスに入力することで変更できます。

Part 1　　基本技でスピードアップ

数値を指定して選択範囲を作成したい

↓

［オプションバーで［スタイル］を［固定］にして［幅］と［高さ］を指定する］

あらかじめ四角形や円形など、選択する範囲のサイズがわかっている場合に利用すると便利な方法です。

1　［長方形選択］ツールや［楕円形選択］ツールを選択し、オプションバーの［新規選択］ボタン❶が選択されていることを確認して、［スタイル］で［固定］❷を選択し［幅］❸と［高さ］❹のボックスに数値を入力します。

(Point)

オプションバーの［X］と［Y］の単位は、［mm］や［cm］をボックスに入力することで変更できます。

2　クリックした箇所に、指定した数値の選択範囲が作成されます。Tip10～12の方法で目的の場所まで移動します。

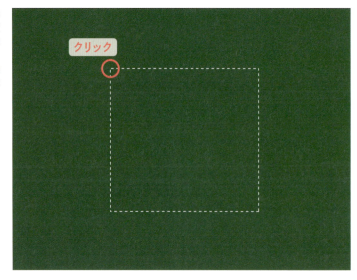

24

Tip 14 比率を固定して選択範囲を作成したい

↓
[オプションバーで[スタイル]を[縦横比を固定]にして[幅]と[高さ]を指定する]

使用する画像のアスペクト比が決まっているなど、正確な比率の選択範囲を作成したい場合に利用する方法です。

1 [長方形選択]ツールを選択し、オプションバーの[新規選択]ボタン❶が選択されていることを確認して、[スタイル]を[縦横比を固定]❷に選択し[幅]❸と[高さ]❹のボックスに数値を入力します。

2 画面をドラッグすると、指定した比率の選択範囲が作成されます。Tip10〜12の方法で目的の場所まで移動します。

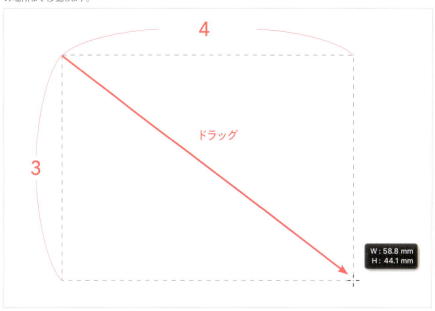

Part 1　基本技でスピードアップ

縦横の比率を入れ替えて選択範囲を作成したい

↓

[オプションバーの [高さと幅を入れ替えます]ボタンをクリック]

オプションバーで［スタイル］を［縦横比を固定］に選択して［幅］と［高さ］を指定したあと、［高さと幅を入れ替えます］ボタンをクリックして選択範囲を作成すると、縦横比が逆の選択範囲が作成できます。

1 ［長方形選択］ツールを選択し、オプションバーの［新規選択］ボタン❶が選択されていることを確認して、［スタイル］を［縦横比を固定］❷に選択し［幅］❸と［高さ］❹のボックスに数値を入力します。いったん横長の4:3と入力します。

2 オプションバーの［高さと幅を入れ替えます］ボタン❺を押すと、［幅］と［高さ］の数値が入れ替わります。

3 画面をドラッグすると、縦横比が逆の縦長の選択範囲が作成できます。

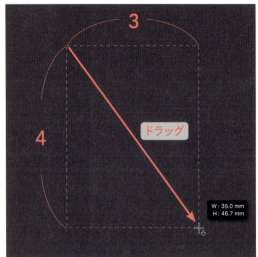

(Point)

オプションバーの［スタイル］を［固定］に選択して、［幅］と［高さ］を数値指定した場合も、［高さと幅を入れ替えます］ボタンをクリックすれば、［幅］と［高さ］の数値が入れ替わります。

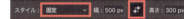

Tip 16

選択範囲の画像をすばやく複製したい

選択範囲を[移動]ツールで[Option]を押しながらドラッグ

[移動]ツールの使用時に[Option]を押すとカーソルの形状が変わり、その状態でドラッグすると複製できます。

1 複製したい領域に選択範囲を作成して[移動]ツールを選択し、[Option]を押すとカーソルの形状が変わります。

[移動]ツール

2 その状態でドラッグすると、選択範囲に含まれるピクセルが複製されます。作例は、選択範囲を[Option]+[Shift]を押して垂直に移動し、複製しています。

(Point)

選択系ツールを使用中に[⌘]を押すと一時的に[移動]ツールを選択できます。同時に[Option]を押してドラッグすればツールを切り替えることなくさらに簡単に複製できます。

説明した方法は、選択範囲の画像が同じレイヤーに複製されますが、別のレイヤーに複製したい場合は、[⌘]+[J]を押します。これは[レイヤー]メニューの[新規]→[選択範囲をコピーしたレイヤー]のショートカットキーで、同じ場所に複製されます(Tip52参照)。そのあと[移動]ツールで場所を移動してください。

Part 1　基本技でスピードアップ

Tip 17

選択範囲をすばやく反転したい

⌘＋Shift＋I で選択範囲を反転

⌘＋Shift＋I は[選択範囲]メニューの[選択範囲を反転]のショートカットキーです。背景を削除したり、背景の色を変更する場合に、覚えておくと便利です。

1 対象物の器に選択範囲が作成された状態です。

2 ⌘＋Shift＋I で、対象物から背景に選択範囲が反転しました。もう一度⌘＋Shift＋I を押すと、元の選択範囲に戻ります。

Part 1　基本技でスピードアップ

Tip 18

選択範囲を拡大・縮小したい

［選択範囲］メニューの［選択範囲を変形］を選択してバウンディックボックスのハンドルをドラッグ

バウンディックボックスの四隅のハンドルを、外方向にドラッグすると拡大し、内方向にドラッグすると縮小します。

1 選択範囲を作成して［選択範囲］メニューの［選択範囲を変形］を選択します。四角形で囲まれたバウンディックボックス❶が表示されます。バウンディックボックスは8つのハンドル❷に囲まれています。

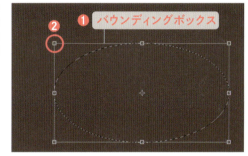

2 四隅のハンドルにマウスポインタを重ねると、カーソルの形状が変わります。この状態で、外方向にドラッグすると拡大し、内方向にドラッグすると縮小します。Shiftを押しながらドラッグすると、縦横比を保持しながら拡大・縮小できます。Returnを押すとバウンディックボックスが消えて、選択範囲の形状が確定されます。

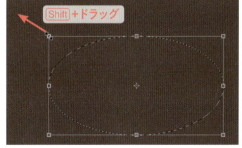

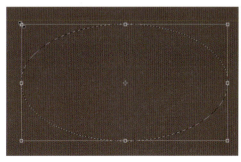

Part 1　基本技でスピードアップ

Tip 19

ピクセル数を指定して選択範囲を拡大・縮小したい

[選択範囲]メニューの[選択範囲を変更]の[拡張]または[縮小]を選択する

選択範囲の形を基準に、指定したピクセル数で拡大（拡張）・縮小できます。対象物に選択範囲を作成して切り抜き画像を作成する際、1〜2pixel程度縮小すると不要な部分が削除され、きれいに仕上がる場合もあります。

1 ［クイック選択］ツールなどで選択範囲を作成します。ここでは切り抜きで周りに余計な部分が出ないように縮小します。

2 ［選択範囲］メニューの［選択範囲を変更］→［縮小］を選択します。拡大するには［拡張］を選択します。

3 ［選択範囲を縮小］ダイアログボックスが表示されます。［縮小量］に数値を入力して［OK］ボタンをクリックします。［拡張］を選んだときには同様の［選択範囲を拡張］ダイアログボックスで、［拡張量］に数値を入力します。

4 指定したピクセル数で選択範囲が縮小されます。

Part 1　基本技でスピードアップ

Tip 20

[選択範囲を拡張]と[選択範囲を変更]→[拡張]の違いは?

↓

[[選択範囲を拡張]は近似色の範囲を拡張する機能
[選択範囲を変更]→[拡張]はピクセル数を指定して拡張]

選択範囲を拡張

主に、[自動選択]ツールで作成した選択範囲を、近似色でさらに拡張したい場合に使用します。[自動選択]ツールのオプションバーで指定した[許容値]の数値を基準に、選択範囲に隣接する近似色を自動で拡張する機能です。

1 [自動選択]ツールで[許容量]を100で選択範囲を作成しています❶。

2 [自動選択]ツールで選択範囲を作成した状態で、[選択範囲]メニューの[選択範囲を拡張]を選択すると、選択範囲が拡張されます。

3 繰り返し[選択範囲を拡張]を選択し、近似色で選択範囲を拡張します。

31

［選択範囲を変更］→［拡張］

指定したピクセル数（1～100pixel）で選択範囲を拡張する機能です（Tip19参照）。主に、完成した選択範囲が対象物より小さいため拡張したり、対象物より選択範囲を大きく取り囲むように拡張したい場合に使用します。

1　［クイック選択］ツールで選択範囲を作成して、［選択範囲］メニューの［選択範囲を変更］→［拡張］を選択します。

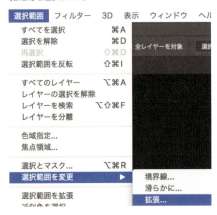

2　［選択範囲を拡張］ダイアログボックスで、ピクセル数を指定して［OK］ボタンをクリックします。

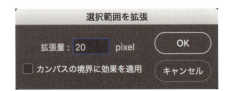

3　選択範囲が外方向に指定したピクセル分だけ拡張されます。Tip24のように選択範囲の周辺をぼかして選択する場合に、対象より大きめに選択しておきたいときに使うとよいでしょう。

Part 1　基本技でスピードアップ

Tip 21

選択範囲を変形したい

[選択範囲]メニューの[選択範囲を変形]を選択してバウンディックボックスのハンドルをドラッグ

バウンディックボックスのハンドルをドラッグすると、拡大・縮小や回転などの変形が行えます。ハンドル操作とショートカットキーを組み合わせると、ひし形や台形などの変形も可能になります。拡大・縮小はTip18を参照してください。

1 選択範囲を作成し、[選択範囲]メニューから[選択範囲を変形]を選択し、四角形で囲まれたバウンディックボックス❶を表示します。バウンディックボックスは8つのハンドル❷に囲まれています。

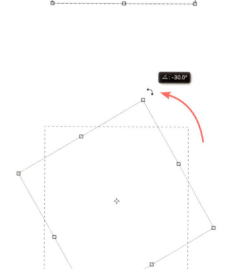

2 回転するには、ハンドルから少し離れた位置にカーソルを移動すると形状が変わるので❸、その状態でドラッグします。Shiftを押しながらドラッグすると、15°ずつ回転できます。

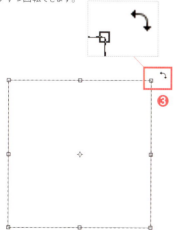

3

⌘を押しながらドラッグすると、ドラッグしたハンドルの辺のみが移動するので、自由に変形できます。

4

⌘+Option を押しながらドラッグすると、対向するハンドルの辺のみが移動するので、ひし形に変形できます。

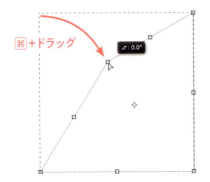
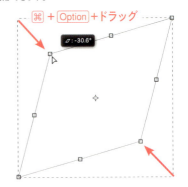

5

⌘+Option+Shift を押しながらドラッグすると、台形に変形できます。

6

Return を押すとバウンディックボックスが消えて、選択範囲の形状が確定されます。
❶ 選択範囲を回転する
❷ 選択範囲を自由に変形する
❸ 選択範囲をひし形に変形する
❹ 選択範囲を台形変形する

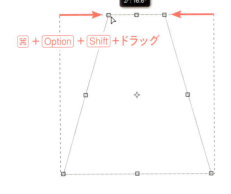

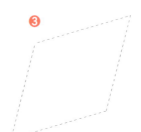
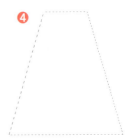

Part 1　基本技でスピードアップ

Tip 22

選択範囲の境界線をふちどりたい

↓

[[選択範囲]メニューの[選択範囲を変更]→
[境界線]を選択してふちどる幅を設定する]

選択範囲をふちどる機能は、対象物を囲む境界線に効果を与えたい場合に使用します。主に、イラストや文字を目立たせたり、人物などの被写体にハロー効果（被写体の周辺に光をぼかす効果）を与える場合に使用します。

1 対象物に選択範囲を作成し、[選択範囲]メニューの[選択範囲を変更]→[境界線]を選択して[選択範囲をふちどる]ダイアログボックスを表示します。[幅]に数値を入力して[OK]ボタンをクリックします。

2 指定した数値でふちどられました。

3 ふちどりした内側の領域を[編集]メニューの[塗りつぶし]を選択し、[塗りつぶし]ダイアログボックスを表示し、[内容:ブラック]を選択して[OK]ボタンをクリックすると、黒でふちどりされます。

Part 1 　基本技でスピードアップ

Tip 23

ギザギザした角のある選択範囲を滑らかにしたい

↓

［［選択範囲］メニューの［選択範囲を変更］→ ［滑らかに］を選択して数値を設定する］

［なげなわ］ツールや［多角形選択］ツールで選択した、ギザギザした形の選択範囲の角を滑らかにする方法です。

1 ここでは［多角形選択］ツールで直線の選択範囲を作成しました。

2 ［選択範囲］メニューの［選択範囲を変更］→［滑らかに］を選択して［選択範囲を滑らかに］ダイアログボックスを表示します。［半径］に数値を入力して［OK］ボタンをクリックします。

3 指定した数値で角が丸く滑らかになりました。［自動選択］ツールで選択して、周辺にジャギーがあるような場合も滑らかにすることができます。

利用写真:http://www.ashinari.com/2016/01/06-393507.php

Part 1　基本技でスピードアップ

Tip 24

選択範囲の境界のぼかし具合を確認したい

↓

[クイックマスクモードに切り替えて確認する]

通常モード（画像描画モード）では選択範囲のぼかし具合を確認することはできません。一時的にクイックマスクモードに切り替えると確認できます。クイックマスクについて詳細は『Part5 選択範囲とマスクのテクニック』で説明します。

1 ［楕円形選択］ツールで選択範囲を作成しました。

2 Shift ＋ F6 か［選択範囲］メニューの［選択範囲を変更］→［境界をぼかす］を選択し、［境界をぼかす］ダイアログボックスを表示します。［ぼかしの半径］に、数値を入力して［OK］ボタンをクリックします。

［ Point ］

合成物を作成をする際、自然に見せるために選択範囲の境界線をぼかす操作は頻繁に行いますので、Shift ＋ F6 のショートカットキーで覚えるとよいでしょう。

3 指定した数値で境界線にぼかしが入りました。しかし、この状態（画像描画モード）ではどのくらいぼかしが入っているのか、確認することができません。

37

4 ぼかし具合を確認するには、ツールバーの下部にある[クイックマスクモードで編集]ボタンをクリックします。

(Point)
クイックマスクモードと通常モード(画像描画モード)は、Qで切り替わります。ワンキーで操作できて簡単なので覚えておきましょう。

5 クイックマスクモードに切り替えると、選択範囲以外が半透明の赤いマスクで表示され、ぼかし具合が確認できます。もう一度[画像描画モードで編集]ボタン(名前は変わりますが、同じ位置のボタン)をクリックすると、元の状態に戻ります。

6 選択範囲を⌘+Jで新規レイヤーに複製して、背景を非表示にすると、クイックマスクモードのとおり境界がぼけていることがわかります。

(Point)
選択範囲の大きさと、ぼかしの半径の大きさのバランスが崩れると、[50%以上選択されているピクセルがありません。選択範囲の境界線は表示されません。]という内容の警告が表示されます。その場合は、[ぼかしの半径]の数値を小さくすると回避できます。

(Part)

2

形による
選択テクニック

Part 2　形による選択テクニック

形で選択するツールの使い分けは？

[選択対象に応じて得意なツールがある]

［長方形選択］ツール、［楕円形選択］ツールのほかに形を基準にして選択範囲を作成するツールは、［なげなわ］ツール、［多角形選択］ツール、［マグネット選択］ツール、［ペン］ツール、［フリーフォームペン］ツールなどがあります。背景とのコントラストが強い対象物の場合、直線が多い対象物の場合、直線や曲線で構成されているはっきりした形の対象物の場合で、選択系のツールを使い分けましょう。

背景とのコントラストが強い対象物の場合

背景とのコントラストが強い対象物の選択は、［マグネット選択］ツールや［フリーフォームペン］ツールを使用し、細かい修正部分は［なげなわ］ツールを使用します。［マグネット選択］ツールは、対象物の輪郭をドラッグすると、自動検出して「固定ポイント」と呼ばれるアンカーポイントを自動、または手動で配置して選択範囲を作成します。

［マグネット選択］ツールは複雑なエッジを持つ対象物でも、すばやく選択します。

［フリーフォームペン］ツールのオプションバーで［マグネット］にチェックを入れると、［マグネット選択］ツールと同様に、輪郭を自動検出してアンカーポイントを自動、または手動で配置してパスを作成します。作成したパスは、［パス］パネルで選択範囲に変換することができます（Tip32参照）。

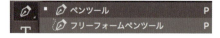

直線が多い対象物の場合

直線が多い対象物の選択は、[多角形選択] ツールを使用します。クリックした位置で直線を結び、選択範囲を作成します。ビルなどの建築物や工業製品の選択に適しています。

直線や曲線で構成されているはっきりした形の対象物の場合

直線や曲線で構成されているはっきりした形の対象物の選択は、[ペン] ツールを使用します。[ペン] ツールで描画したパスは、[パス] パネルで選択範囲に変換することができます。パス操作なので、修正もしやすく、高精度の選択範囲が作成できます。

[パス] パネルで、パスから選択範囲に変換します
（Tip32参照）。

使用写真:http://www.ashinari.com/2008/03/03-004187.php

Part 2　形による選択テクニック

[なげなわ]ツールでマウスから手を放しても失敗しないようにするには?

[Option を押し続けて描画すれば放しても一時的に[多角形選択]ツールになるだけ]

[なげなわ]ツールで描画中、うっかりマウスから手を放してしまうと直線で結ばれた選択範囲になってしまいます。しかし、Option を押し続けて描画すれば、マウスから手を放しても、一時的に[多角形選択]ツールになるので選択を続けることができます。

1 [なげなわ]ツールは、オプションバーで[新規選択]ボタン❶をクリックしてから、対象物をドラッグしてフリーハンドで選択範囲を作成しますが、描画中、うっかりマウスから手を放してしまうと、始点と手を放した位置が直線で結ばれた選択範囲が作成されてしまいます。

[なげなわ]ツール

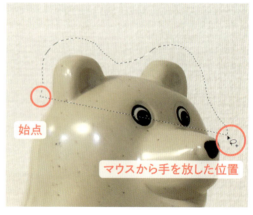
始点
マウスから手を放した位置

2 [なげなわ]ツールで Option を押し続けて描画すると、マウスから手を放しても一時的に[多角形選択]ツールに切り替わります。続けてドラッグして描画すると、再び[なげなわ]ツールになるので描画を続けることができます。

Option を押しながらドラッグ

3　マウスから手を放すとカーソルの形状が変わり、[多角形選択]ツールに切り替わります。しかし選択範囲は閉じませんので、手を放した位置からドラッグを続けると[なげなわ]ツールで選択を続けることができます。

Option は押し続けている状態

4　終点まできたら、Option とマウスを放すと選択範囲が作成されます。[なげなわ]ツールで Option を押し続けて描画すれば、失敗することはありません。

[Point]

[多角形選択]ツールで描画中、Option 押し続けてドラッグすると、一時的に[なげなわ]ツールに切り替わり、フリーハンドで曲線が描画できます。

Part 2　　形による選択テクニック

［マグネット選択］ツールで輪郭から外れてしまったら？

［Delete］を押して余計な固定ポイントを削除する

　［マグネット選択］ツールは、マウスの動きが大きすぎると、対象物の輪郭から外れた位置に固定ポイントが配置されてしまいます。その場合は［Delete］を押してポイントを消して、やり直しが可能です。

1　［マグネット選択］ツールは、オプションバーで［新規選択］ボタン❶を選択してから、対象物の輪郭をドラッグすると、自動検出して固定ポイントを吸着するように配置し選択範囲を作成しますが、マウスの動きが輪郭から大きく外れると、固定ポイントも外れてしまいます。

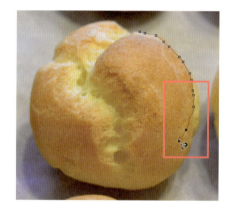

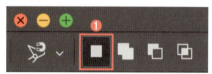

2　その場合は、余計な固定ポイントを［Delete］を押せば削除できます。目的の固定ポイントが消えるまで削除を繰り返し、描画を再開します。

［ Point ］　［多角形選択］ツールも同様に、［Delete］を押すとクリックしたポイントが削除できます。

44　　　　　　　　　　　　　　　　利用写真:http://www.ashinari.com/2013/02/14-376393.php

Part 2　形による選択テクニック

Tip 28

[マグネット選択]ツールできれいに固定ポイントが配置されない

[オプションバーの[幅]と[コントラスト]を調整する]

[マグネット選択]ツールのオプションバーにある[幅]と[コントラスト]は、輪郭を自動検出する際の設定が詳細に行えます。輪郭がはっきりしているか曖昧かの状態に合わせて調整してみましょう。

1 [マグネット選択]ツールのオプションバーの[幅]❶は、カーソルから輪郭を検出する範囲をピクセルで指定します。[コントラスト]❷は、輪郭を検出する感度で1〜100%で指定します。数値を大きくすると、コントラストの強いピクセルを輪郭として検出し、数値が小さいとコントラストの弱いピクセルでも輪郭として検出します。
はっきりした輪郭の画像は、[幅]と[コントラスト]に高い数値を設定し、正確に輪郭をドラッグすれば、固定ポイントがきれいに配置されます。

2 柔らかく曖昧な輪郭の画像は、[幅]と[コントラスト]に低い数値を設定します。選択精度を上げたい場合は、クリックして確実な位置に固定ポイントを配置するとよいでしょう。

(Point)

[マグネット選択]ツールは、輪郭がはっきりした対象物で、背景とのコントラストが強い画像のほうが、固定ポイントが正確に配置されます。

Part 2　形による選択テクニック

Tip 29

［マグネット選択］ツールの固定ポイント数を調整したい

↓

［ オプションバーの［頻度］で調整する ］

［マグネット選択］ツールのオプションバーの［頻度］で、配置される固定ポイントの頻度を調整します。

1 ［マグネット選択］ツールで、オプションバーの［頻度:57］の初期設定で対象物の輪郭をドラッグした状態です。

2 ［頻度］の数値を高くすると、より頻繁に固定ポイントが配置されます。固定ポイントが多いと選択精度は上がりますが、修正などの操作はやりづらくなります。

3 オプションバーの［幅］［コントラスト］（Tip28参照）と［頻度］を組み合わせて設定すると、正確な選択範囲が作成できます。通常、画像には輪郭がはっきりしている部分と曖昧な部分が混在することが多いので、数値を変更しながらいろいろ試してみるとよいでしょう。

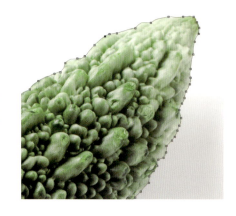

利用写真:http://www.ashinari.com/2013/02/22-376603.php

Part 2　形による選択テクニック

Tip 30

選択範囲をパスに変換したい

⬇

［パス］パネルの［選択範囲から作業用パスを作成］ボタンをクリック

［パス］パネルを使えば、選択範囲を簡単にパスに変換できます。

1 選択範囲を作成して、［パス］パネルの［選択範囲から作業用パスを作成］ボタン❶をクリックすると、選択範囲がパスに変換されます。

2 「作業用パス」は一時的なパスで、この状態でも保存されますが、新たに選択範囲をパスに変換すると上書きされてしまいます。パスとして保存してから作業するようにしましょう。［パス］パネルの「作業用パス」❷をダブルクリックして［パスを保存］ダイアログボックスを表示します。そのまま［OK］ボタンをクリックします。

3 ［パス］パネルに「パス1」として保存されます。

[Point]

［パス］パネルメニューの中の［パスを保存］を選択しても、［パスを保存］ダイアログボックスが表示されます。

利用写真:http://www.ashinari.com/2014/08/30-390241.php

Tip 31

選択範囲をパスに変換したら
アンカーポイントの数が多すぎる

↓

[［作業用パスを作成］ダイアログボックスを表示して
［許容値］を大きめに調整する]

パスのアンカーポイントの数を調整するには、［作業用パスを作成］ダイアログボックスを表示して［許容値］で調整します。

1 選択範囲を作成して、［パス］パネルの［選択範囲から作業用パスを作成］ボタン❶を Option を押しながらクリックします。または［パス］パネルメニューの中の［作業用パスを作成］を選択します。

2 ［作業用パスを作成］ダイアログボックスが表示されます。［許容値］は、選択範囲の形をどの程度パスで合わせるかの設定で、0.5～10pixelで指定します。

3 数値を大きくするほど、パスに変換した際、アンカーポイントの数は減ります。ただし元の選択範囲の形に対する精度は低くなります。最大の10pixelにすると、対象物の輪郭からパスが少し外れています。

4 ［許容値］は、初期設定の2.0pixelで問題がある場合、1～2pixel程度変更するとよいでしょう。

[Point] ［許容値］を変更すると、次から［選択範囲から作業用パスを作成］ボタンをクリックすると変更した数値が適用されます。

Part 2　形による選択テクニック

Tip 32

パスを選択範囲にすばやく変換したい

⬇

［ [パス]パネルでサムネールを ⌘を押しながらクリックする ］

パスを選択範囲に変換する方法と、選択範囲をパスに変換する方法（Tip30）は頻繁に使用する操作なので、同時に覚えておくとよいでしょう。

1 ［ペン］ツールでパスを作成します。［パス］パネルのパス（「作業用パス」）のサムネールを⌘を押しながらクリックします。

2 パスから選択範囲に変換されました。

[Point]

［パス］パネルのパス（「作業用パス」）を選択してから❶、［パスを選択範囲として読み込む］ボタン❷をクリックしても、パスから選択範囲に変換できます。

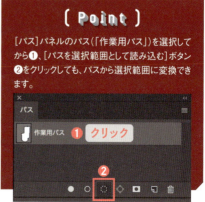

49

Part 2　　形による選択テクニック

パスから変換するときに選択範囲の境界をぼかしたい

［[選択範囲を作成]ダイアログボックスを表示し、ぼかしの設定を行う］

パスを選択範囲に変換する際、Option を押すと［選択範囲を作成］ダイアログボックスが表示でき、ぼかしの設定が行えるのでたいへん便利です。

1 パスを作成し、[パス]パネルのパス（「作業用パス」）を選択してから、[パスを選択範囲として読み込む]ボタンを Option を押しながらクリックします。または[パス]パネルメニューの中の[選択範囲を作成]を選択します。

2 [選択範囲を作成]ダイアログボックスが表示されるので、[ぼかしの半径]に数値を入力し[OK]ボタンをクリックします。

3 選択範囲が作成されて境界にぼかしが入ります。通常モード（画像描画モード）ではぼかし具合が確認できないので、クイックマスクモードに切り替えて確認します（Tip24参照）。

〔 Point 〕

[選択範囲を作成]ダイアログボックスの[ぼかしの半径]を変更すると、次からの[パスを選択範囲として読み込む]操作には、変更した数値が適用されます。次からぼかしを適用たくない場合は、0に戻しておくようにしましょう。

Part 2　形による選択テクニック

Tip 34

選択範囲の曲線部分を調整したい

［選択範囲を変形］でワープモードに切り替えてハンドルやメッシュで変形する

複雑な曲線部分の選択範囲の調整は、ワープモードを切り替えることで自由度の高い多様な変形が行えます。主に、選択範囲の微調整をする場合に使用します。

① 選択範囲の上部の曲線部分がずれているので調整します。

② ［選択範囲］メニューの［選択範囲を変形］を選択して、バウンディックボックス❶を表示します。

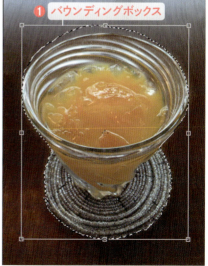

③ 次に、ワープモードに切り替えます。オプションバーの［自由変形モードとワープモードの切り替え］ボタン❷をクリックします。

4 バウンディックボックスがメッシュ状のバウンディックボックスに変わります。選択範囲の曲線を編集するには、バウンディックボックスの四隅にあるコントロールポイント❸から伸びるハンドル❹や、メッシュ❺の内部をドラッグします。調整を繰り返しながら形を整えていきます。

5 [Return]を押すか、オプションバーの[変形を確定]ボタン（[○]）をクリックして形状を決定します。

6 対象物の輪郭に沿って、選択範囲の形がきれいに調整されました。

Part 2　形による選択テクニック

Tip 35

楕円形の選択範囲を失敗せずに作成したい

↓

[楕円形に合わせて四辺のガイドを配置して
ガイドに吸着させてドラッグする]

［楕円形選択］ツールで円形の選択範囲を作成する際、開始点がわからず何回も失敗してしまいがちです。ガイドを利用すれば、ドラッグする開始点と終了点がわかるので、一度で正確な選択範囲が作成できます。

1 このような楕円形の対象物を選択するときは、ドラッグの開始点がわかりづらいため、目分量では何度やっても選択範囲がずれてしまいます。

2 ⌘＋Rで画面の上部と左部に定規が表示されます。これは［表示］メニューの［定規］のショートカットキーです。

3 定規の目盛り部分からドラッグすると、ガイドが配置されますので、上の定規から下にドラッグして、円形の上端に合わせてガイドを配置します。

53

4 左の定規からドラッグして、楕円形の左端に合わせてガイドを配置します。続けて、上の定規から楕円形の下端、左の定規から楕円形の右端にもドラッグして、楕円形を囲むように4本のガイドを配置します。

5 [表示]メニューの[スナップ先]→[ガイド]を選択してチェックを入れます。マウスカーソルがガイドに吸着されるので、開始点から終始点まで正確にドラッグできます。

6 [楕円形選択]ツールで、左上のガイドの交点から、右下のガイドの交点まで対角線にドラッグすると、対象物と縦横がそろった楕円形の選択範囲が簡単に作成できます。

7 楕円形の対象物に対する微調整は、ワープモードに切り替えて操作するとよいでしょう(Tip34参照)。

(Point)
不要になったガイドは、[表示]メニューの[ガイドを消去]を選択して消去します。

〔 Part 〕

3

色による
選択テクニック

Part 3

Part 3　色による選択テクニック

色で選択する方法は?

↓

[[自動選択]ツール、[クイック選択]ツール、[色域指定]機能などを条件で使い分ける]

色を基準にして選択範囲を作成するには、[自動選択] ツール、[クイック選択] ツール、[色域指定] 機能などがあります。

対象物と背景の色の差が大きいとき

対象物と背景の色の差が大きいときの選択は、[クイック選択] ツールを使用します。ドラッグした周辺部分の同系色を次々と範囲を広げながら自動で選択します。

 [クイック選択]ツール

複数の色を持つ対象物(コーヒー・器・スプーン)でも、背景(テーブル)との色の差が大きければ正確な選択範囲が作成できます。

対象物の色調が単一のとき

同じ色調の対象物の選択は、[自動選択]ツールを使用します。クリックした箇所の色の同系色を自動で選択します。

対象物の色調が同じ場合は選択しやすいですが、複雑な色調が少しでも混ざっていると、一度に選択するのは難しくなります。

点在している特定の色を選択するとき

点在している特定の色みの対象物だけを選択したい場合は、[選択範囲] メニューの [色域指定] を選択して表示される、[色域指定] ダイアログボックスを使用します。[色域指定] ダイアログボックスで、色の対象範囲を設定すると自動で選択します。

[選択範囲]メニューの[色域指定]を選択し、[色域指定]ダイアログボックスを表示します。ここでは[選択]のプリセットから[マゼンタ系]を選択して、点在している花に選択範囲を作成しています。

Part 3　色による選択テクニック

Tip 37

[クイック選択]ツールで余計な部分が選択されてしまったら？

↓

[Optionを押しながら、余計な部分をドラッグして削除する]

[クイック選択]ツールのオプションバーの[現在の選択範囲から一部削除]ボタンをクリックして選択してから、余計な部分をドラッグしても削除できます。

1 [クイック選択]ツールで、ドラッグの操作ミスや、対象物と背景の境界線の色調が近い場合、余計な部分が選択されてしまうことがあります。

2 そんなときはOptionを押すとカーソルの形状がマイナスになるので、その状態で余計な部分をドラッグすれば選択範囲から削除できます。

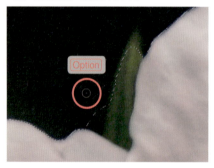

(Point)

Optionを押すと、オプションバーの[現在の選択範囲から一部削除]ボタンが選択された状態になります。[クイック選択]ツールは、ブラシサイズの設定やドラッグの仕方で選択範囲が異なってきます(Tip38参照)。

利用写真:http://www.ashinari.com/2016/05/17-393958.php

Part 3　色による選択テクニック

Tip 38

［クイック選択］ツールですばやく正確に選択するには?

小さめのブラシで対象物の中心から輪郭に向かってドラッグする

［クイック選択］ツールは、ブラシサイズが大きいと余計に選択されてしまいます。はじめから小さなブラシに設定すれば、ドラッグする回数は増えますが、途中でサイズを変更することなく、はみ出さずに結果的に早く作業できます。

1 大きなブラシ設定で、対象物の輪郭から中心に向かってドラッグしたり、中心から輪郭までしっかりドラッグしてしまうと❶、余計に色を選択してしまう場合があります。

2 オプションバーの［∨］ボタン❷をクリックして［ブラシオプション］パネルを表示し、［直径］❸を小さくします。［硬さ］❹は、［100%］にして、ぼかしのないブラシに設定します。

3 小さなブラシサイズで、対象物の中心から輪郭に向かってドラッグし、輪郭の少し手前でドラッグを止めると❺、選択範囲が細部まできれいに広がっていきます。

(Point)
ブラシの［直径］を変更するにはショートカットキーで、大きくするには]、小さくするには [を押すことでできます。

利用写真:http://www.ashinari.com/2017/07/30-395134.php

Part 3　色による選択テクニック

Tip 39

［クイック選択］ツールの選択範囲の境界線をきれいにしたい

↓

［ ［クイック選択］ツールのオプションバーの［自動調整］の
チェックの「ある・なし」を使い分けて仕上がりを決める ］

［自動調整］は、境界線の粗い歪みを減らす機能で、チェックを入れると選択範囲の境界線が滑らかになります。基本はチェックを入れた状態にしますが、画像の内容によっては、チェックを外すほうが適度にぼかしが入り、よい結果になる場合もあります。

1 オプションバーの［自動調整］チェックを入れると、境界線が滑らかになります。

利用写真:http://www.ashinari.com/2013/11/18-383755.php

2. チェックを外すと、境界線にぼかしや凹凸が入り粗くなります。

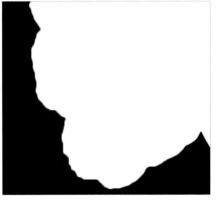

3. 境界線がぼけている場合、チェックを外すほうがきれいに見えることもあります。

(Point)

境界線に残るフリンジ（境界線の汚れ）が目立つ場合、[選択範囲]メニューの[選択とマスク]を選択して表示される、[選択とマスク]ワークスペースで削除することができます。[選択とマスク]は、選択範囲の境界線を高精度に調整する機能です（Part6参照）。

Part 3　色による選択テクニック

Tip 40

選択対象以外の色調が統一されている場合の選択方法は？

↓

[対象物以外を選択してから　⌘＋Shift＋I で対象物を選択する]

対象物以外の背景の色調が統一されている場合、対象物を選択するより背景を選択してから反転するほうが、すばやく簡単に選択できます。

1 色調が統一されている背景の空を[自動選択]ツール、または[クイック選択]ツールで選択します。

　[自動選択]ツール

　[クイック選択]ツール

2 ⌘＋Shift＋I を押すと、選択範囲が反転して、対象物（ここでは建物）が選択されます。

(Point)
この操作は[選択範囲]メニューの[選択範囲の反転]のショートカットキーです。

選択範囲	フィルター	3D	表
すべてを選択			⌘A
選択を解除			⌘D
再選択			⇧⌘D
選択範囲を反転			⇧⌘I

62　　　　　　　　　　　　　　　利用写真:http://www.ashinari.com/2012/08/06-366650.php

Part 3　色による選択テクニック

Tip 41

[自動選択]ツールで選択が不十分な場合は?

↓

[Shift]を押しながら、追加したい部分を繰り返しクリック

[Shift]を押しながら、さらに追加したい色の場所をクリックしていきます。

1 [自由選択]ツールで花びらをクリックして選択しましたが、色相が統一されていても色調が異なると、一度で選択するのが難しくなります。

2 [Shift]を押すと、オプションバーの[選択範囲に追加]ボタン❶が選択された状態になります。カーソルの形状に「＋」が追加されるので、その状態で追加したい部分をクリックして選択範囲を追加します。すべて選択されるまで繰り返します。

3 色調が複雑な部分は、[自由選択]ツールだけでは時間がかかってしまうので、[なげなわ]ツールや[多角形選択]ツールを使用して選択範囲を追加するとよいでしょう。

[Point]

[多角形選択]ツールは[Shift]を押しながらクリックすると角度が45度、90度に固定されてしまうので、オプションバーの[選択範囲に追加]ボタンをクリックして選択してから、[多角形選択]ツールを使用してください。

利用写真:http://www.ashinari.com/2016/11/25-394500.php

Part 3　色による選択テクニック

[自動選択]ツールで余計な部分が選択されてしまったら？

[Option を押しながら、不要な部分をクリックする]

Shift を押しながら、除外したい色の場所をクリックしていきます。

1 [自動選択]ツールは、背景と対象物の色の差が少ない部分は余計に選択されてしまいます。

2 Option を押すと、オプションバーの[現在の選択範囲から一部削除]ボタン❶が選択された状態になります。
カーソルの形状に「ー」が追加されるので、その状態で不要な部分をクリックして選択範囲から削除します。不要な部分がすべて削除されるまで繰り返します。

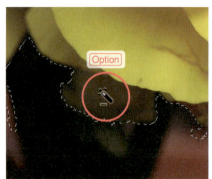

3 色調が複雑な部分は、[自由選択]ツールだけでは時間がかかってしまうので、Option を押しながら、[なげなわ]ツールや[多角形選択]ツールを使用して不要な部分を削除するとよいでしょう。

4 選択範囲から不要な部分が削除されました。

Part 3　色による選択テクニック

Tip 43

［自動選択］ツールで選択する範囲を広げたい

⬇

［ オプションバーの［許容値］の数値を大きくする ］

［自動選択］ツールの［許容値］は、選択する色の範囲の識別を0〜255の数値で指定します。数値を大きくすると選択する色の範囲は広くなり、数値を小さくするとクリックした色に近い色のみ選択されます。

1 ［許容値］は初期設定の32のままで、背景の空をクリックして選択します。空が一度では綺麗に選択されません。

2 ［許容値］を70に変更し、背景の空をクリックして選択すると、1回のクリックで背景の空がすべて選択されました。

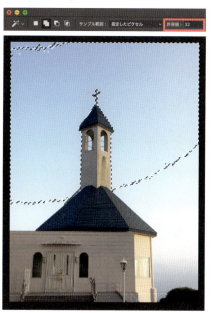

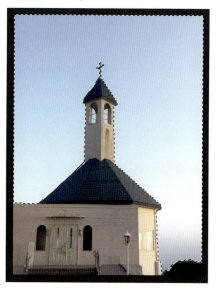

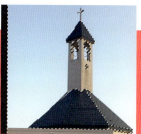

[Point]

［許容値］を大きくすると、選択範囲が広がるので余計な部分も選択されることになります（図は150）。［自動選択］ツールで効率よく選択範囲を作成するには、［許容値］の数値次第なので、様子を見ながら段階的に数値を増やすとよいでしょう。

65

Part 3　色による選択テクニック

[自動選択]ツールで画像上の同じ色はすべて選択したい

[オプションバーの[隣接]のチェックを外す]

[隣接]にチェックが入っていると、クリックした箇所と隣接した色だけを選択し、[隣接]のチェックを外すと、画像全体を対象に同系色を選択します。

1 [隣接]のチェックありで、赤枠の中の紫の花をクリックすると、クリックした箇所と隣接している花のみを選択します。

2 [隣接]のチェックなしで、赤枠の中の紫の花をクリックすると、画像全体を対象に同系色の花がすべて選択されます。

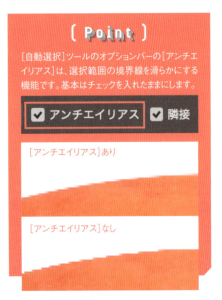

Point

[自動選択]ツールのオプションバーの[アンチエイリアス]は、選択範囲の境界線を滑らかにする機能です。基本はチェックを入れたままにします。

66

Part 3　色による選択テクニック

Tip 45

［クイック選択］ツールと［自動選択］ツールの使い分けは？

⬇

［ 選択対象が複数の色なら［クイック選択］ツール
　単色なら［自動選択］ツールが効率的 ］

選択対象の色数がポイントです。同じ画像を使用して［クイック選択］ツールと［自動選択］ツールで選択の比較をしてみましょう。この写真の場合は、対象物の飛行機を選択するなら［クイック選択］ツール、背景の空を選択するなら［自動選択］ツールが効率的になります。

［クイック選択］ツール

飛行機だけを選択したい場合、［クイック選択］ツールは、対象物と背景の色の差が大きく輪郭がはっきりしていれば、複数の色でも簡単に選択できます。ブラシサイズを小さく設定すれば細部選択もできます。［クイック選択］ツールは、それほど精度を求めない場合、簡単に選択したい場合など、さまざまな状況で使用できるツールです。

　［クイック選択］ツール

1 輪郭がはっきりしていて複数の色の飛行機を選択するときは、すばやく選択できます。ブラシサイズを調整すれば、細部まで選択できます。

2 単一色（青系）の空を選択するときには、［クイック選択］ツールでは何度かに分けてドラッグしないと選択できません。

ドラッグして選択範囲を広げます

利用写真:http://www.ashinari.com/2013/10/07-383051.php

［自動選択］ツール

同系色が続く空や白背景など、単色の場合は1回のクリックで選択できます。ただし少しでも異なる色が入ってくると、クリックした箇所で選択範囲が異なり、繰り返して選択しなくてはなりません。

［自動選択］ツール

1 ［自動選択］ツールで効率よく作業するには、オプションバーの［許容値］の設定が重要になってきます。適切な［許容値］に設定すれば、1回のクリックで選択できます。この程度のうす雲の空であれば、45で選択できました。

2 複数色の飛行機を選択しようと、Shiftを押しながら繰り返しクリックして選択を追加していっても、余計な部分が選択されてしまいます。

［ Point ］

［クイック選択］ツールと［自動選択］ツールは、どちらも色を基準にして自動で選択範囲を作成しますので、正確な選択ができない場合も多くあります。細密な選択範囲を作成するには、他のツールや、［クイックマスク］（Part5参照）、［選択とマスク］（Part6参照）などの機能を併用する必要があります。

Part 3　色による選択テクニック

Tip 46

特定の色だけを選択したい

⬇

［色域指定］で画像内の指定した色を選択する

［色域指定］ダイアログボックスでは、画像内の特定の色を指定して選択範囲を作成できます。

1 朱色の郵便ポストだけを選択しましょう。［選択範囲］メニューの［色域指定］を選択します。

2 ［色域指定］ダイアログボックスが表示されます。初期設定では［選択］が［指定色域］になっています。この設定で、画像の色をクリックして直接選択できます。

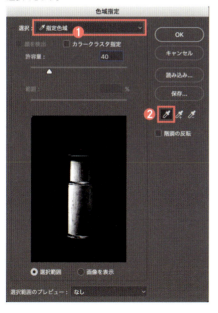

3 ［スポイトツール］ボタン❷が選択された状態で、画像上❸もしくはプレビュー上の選択したい色をクリックします。

利用写真:http://www.ashinari.com/2009/07/18-024454.php

4 選択した色域がプレビューに白く表示されます❹。[許容値]❺のスライダーを動かして、ポスト全体が白く表示される(同時にポスト以外は黒いまま)の数値に調整します。

5 ダイアログボックス下部にある[選択範囲のプレビュー]を[白マット](もしくは[黒マット])に設定すると❻、画像上の選択範囲以外が白(もしくは黒)になり、選択範囲が確認しやすくなります。

6 同じ色で明るさの異なる箇所をクリックして選択範囲を仕上げていきます。色域を追加するには[サンプルに追加]ボタン❼、余計な色域を削除するには[サンプルから削除]ボタン❽を選択して、画像上またはプレビュー上をクリックします❾。一度に色域が変化しすぎた場合は⌘+Zで取り消しできます。

[Point]
[スポイトツール]のままでも、Shiftを押しながらクリックで[サンプルに追加]、Optionを押しながらクリックで[サンプルから削除]ができます。

7 画像上で確認してポスト全体がほぼ選択ができていたら[OK]ボタンをクリックします。

8 ポストの赤い部分に選択範囲が作成されました。ただし、光が当たって白くなったハイライト部分と極端に暗い陰の部分は、選択されずに残っています。

9 [色域指定]ダイアログボックスでは[選択]のプルダウンメニューから、あらかじめ用意されている色系統から選択することもできます。

(Point)

[色域指定]は単色のイラストや図形はきれいに選択できますが、作例のような写真画像の場合は、同系色でも階調の幅が広いので、どうしても選択が不十分になります。[色域指定]で大部分を選択したあと、他の選択ツール([なげなわ]ツールや[多角形選択]ツール)や機能(クイックマスクモードなど)を併用して選択範囲を完成させるとよいでしょう。

Part 3　色による選択テクニック

Tip 47

人物の肌だけを選択したい

↓

[［色域指定］の［スキーントーン］で選択する］

［色域指定］ダイアログボックスで人物の肌色を簡単に選択できます。ただし、背景や撮影時のライティングによって選択精度は左右されます。

1 ［選択範囲］メニューから［色域指定］を選択して［色域指定］ダイアログボックスを表示します。

2 ［選択］を［スキーントーン］❶に設定し、［顔を検出］❷にチェックを入れて［許容値］❸のスライダーを動かして選択範囲を調整します。プレビューでほぼ肌だけを白くできたら［OK］ボタンをクリックします。

3 肌色が選択されました。選択範囲が不十分な場合は、他のツールや機能を併用して選択範囲を調整するとよいでしょう。

72　　利用写真:http://www.ashinari.com/2012/09/21-370207.php

(Part)

選択に関する実践テクニック

Part 4　選択に関する実践テクニック

Tip 48

トリミングの範囲をあとから変更したい

［［切り抜き］ツールで［切り抜いたピクセルを削除］のチェックを外して範囲指定］

［切り抜き］ツールで［切り抜いたピクセルを削除］のチェックを外しておくと、切り抜き範囲外を保持しておいて、元に戻したりトリミングの位置やサイズを再編集できます。これを「非破壊的な切り抜き」といいます。

1 ［切り抜き］ツールを選択し、初期設定ではチェックしてある、オプションバーの［切り抜いたピクセルを削除］のチェックを外します。

［切り抜き］ツール

2 画像の周囲のハンドルをドラッグし、トリミングの範囲を設定します。または画像上の一部をドラッグして範囲を指定することもできます。選択範囲外は半透明の黒で表示されます。

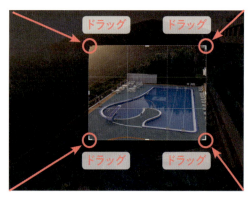

3 Return を押すと切り抜きが実行されます。しかし、選択範囲外は削除されず、保持されています。［レイヤー］パネルの「背景」は「レイヤー0」に変換されます。

(Point)
この状態でファイルを保存して閉じても、再び開いて何度でもトリミング範囲を変更することができます。

4 [移動]ツールでトリミングの枠内をドラッグすると、隠れていた画像が表示されて、トリミング位置が変更できます。

[移動]ツール

5 再び[切り抜き]ツールで画像をクリックすると切り取る場所や範囲(サイズ)を編集できます。[レイヤー]パネルには「切り抜きプレビュー」と表示されます。

6 [切り抜き]ツールでハンドルをドラッグしてトリミングの形やサイズを変更ができます。変更したい範囲が決まったら[Return]を押します。

(Point)
非破壊的な切り抜きは見えている範囲より外の画像を保持しているのでファイル容量は大きくなります。使う範囲が確定した段階で、[切り抜いたピクセルを削除]にチェックを入れて[Return]することをおすすめします。

Part 4　選択に関する実践テクニック

Tip 49

「背景」で選択範囲以外を透明にしたい

↓

［「背景」の鍵マークをクリックして「レイヤー0」に変換し Delete で削除］

「背景」に作成した選択範囲を反転して、不要な部分を Delete で消去すると、［塗りつぶし］が適用されて、塗り色を選ぶことになります。不要な部分を透明にするには、「レイヤー 0」に変換してから Delete を押します。

1 コップを選択範囲にしてから、⌘＋Shift＋I で［選択範囲を反転］します。背景のテーブルが選択範囲になります。

2 ［レイヤー］パネルの「背景」にある鍵マーク（［レイヤーの部分ロック］）をクリックすると、「背景」が「レイヤー0」に変換されます。

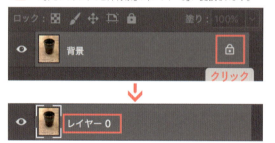

3 Delete をクリックして消去すると、背景が透明になります。

(Point)

「背景」をレイヤーに変換する方法はいくつかあり、「背景」のサムネールを Option を押しながらダブルクリックしてもすばやく変換できます。レイヤーを再び「背景」に戻すには、［レイヤー］メニューの［新規］→［レイヤーから背景へ］を選択します。このとき透明部分は背景色で塗りつぶされます。

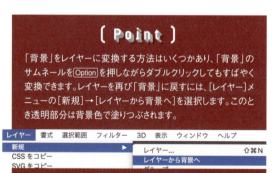

Part 4　選択に関する実践テクニック

Tip 50

選択範囲の大きさにカンバスを縮小したい

[選択範囲を作成後、[イメージ]メニューの[切り抜き]を選択する]

切り抜き画像をWebや印刷用に使用する場合、必要のない部分は削除してデータ容量を減らします。[イメージ]メニューの[切り抜き]は、複雑な形の選択範囲でも、その形にぴったり沿った四角形で切り抜くことができます。さらに切り抜き以外は白や透明（Tip49参照）にするとよいでしょう。

1 花弁の部分だけ選択範囲を作成します。

2 [イメージ]メニューの[切り抜き]を選択すると、選択範囲の形に沿った四角形で切り抜かれます。

3 ここでは背景を白にします。⌘+Shift+I で[選択範囲を反転]します。Deleteを押して[塗りつぶし]ダイアログボックスを表示し、[内容]を[ホワイト]に設定して[OK]ボタンをクリックします。

〔 Point 〕
「背景」の場合はDeleteですが、レイヤーの場合は[編集]メニューの[塗りつぶし]（Shift+F5）を選択して[塗りつぶし]ダイアログボックスを表示します。

利用写真:http://www.ashinari.com/2013/09/25-382402.php

Part 4　選択に関する実践テクニック

選択範囲にパスの範囲を追加・削除したい

⬇

[パスのサムネールを ⌘ + Shift + クリック
または ⌘ + Option + クリック]

作成した選択範囲に対して、パスの範囲を追加したり、そこから一部削除することができます。パスは［パス］パネルで保存できるので、選択範囲をあとから変更したい場合にパスにしておくと便利です。

1 ［楕円形選択］ツールで左側に選択範囲を作成したところです。右のカボチャに対してあらかじめ「パス1」が作成されています。

2 パスの範囲を選択範囲に追加するには、⌘ + Shift を押し、カーソルに［＋］が表示された状態で、パスサムネールをクリックします。

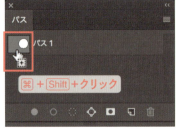

3. パスの範囲を選択範囲から一部削除するには、⌘+Optionを押し、カーソルに[−]が表示された状態で、パスサムネールをクリックします。

パネルメニューを使う

選択範囲に対して、パスの範囲を追加または一部削除するには、パネルメニューから[選択範囲を作成]ダイアログボックスを表示して行うこともできます。

1. [パス]パネルで「パス1」❶を選択してから、パネルメニューの[選択範囲を作成]❷を選択します。

2. [選択範囲]の[選択範囲に追加]❸にチェックを入れると追加されます。[現在の選択範囲から一部削除]❹にチェックを入れると一部削除されます。

Part 4　選択に関する実践テクニック

選択範囲を新規レイヤーにすばやく複製したい

［ 選択範囲を作成して⌘+Jを押す ］

選択範囲を作成して、［レイヤー］メニューの［新規］→［選択範囲をコピーしたレイヤー］のショートカットキーを使うと簡単に複製できます。

1 オブジェに選択範囲が作成された状態で、⌘+Jを押します。

2 選択範囲は解除され、新規レイヤーに選択範囲の画像が複製されます。

3 目のアイコンで「背景」を非表示にすると、「レイヤー1」に選択範囲の画像が複製されたことが確認できます。

(Point)

⌘+Option+Jを押すと、［新規レイヤー］ダイアログボックスが表示されます。［レイヤー名］［描画モード］［不透明度］などを任意に変更して新規レイヤーに複製できます。

Part 4　選択に関する実践テクニック

選択範囲をカットして新規レイヤーにしたい

［ 選択範囲を作成して⌘+Shift+Jを押す ］

選択範囲を作成して、［レイヤー］メニューの［新規］→［選択範囲をカットしたレイヤー］のショートカットキーを使うと、選択範囲をカットして新規レイヤーにすばやく配置できます。

1. オブジェに選択範囲が作成された状態で、⌘+Shift+Jを押します。

2. 選択範囲はカットされ、新規レイヤーに選択範囲の画像が配置されます。

⌘+Shift+J

3. 目のアイコンで「レイヤー1」を非表示にすると、［背景］の選択範囲の画像がカットされたことが確認できます。

(Point)

⌘+Shift+Option+Jを押すと、［新規レイヤー］ダイアログボックスが表示されます。［レイヤー名］［描画モード］［不透明度］を任意に変更して新規レイヤーにカットして複製できます。

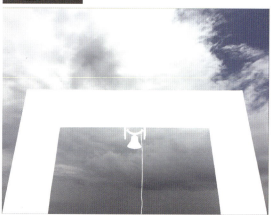

81

Part 4　選択に関する実践テクニック

選択範囲だけ色を変更したい

［　選択範囲を作成してから
[色相・彩度]調整レイヤーを作成する　］

調整レイヤーは、色調補正するためのレイヤーで、元の画像は保持されたまま何度でも色調補正が行えます。16種類の色調補正の項目が用意されています。

1 ベンチの水色部分に選択範囲を作成して、[塗りつぶしまたは調整レイヤーを新規作成]ボタン❶をクリックすると、調整レイヤーの16項目が表示されます❷。今回は[色相・彩度]を選択します。

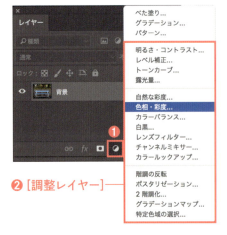

2 [属性]パネルが表示されて、選択範囲の[色相][再度][明度]が調整できます。[色相]スライダーで色を変更します。

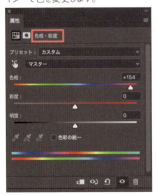

3 選択範囲のみ、色が変更されました。[色相・彩度1]調整レイヤーが作成され、選択範囲がレイヤーマスクになっています。調整レイヤーのサムネールをダブルクリックすれば、[属性]パネルが表示され、何度でも色を変更できます。

82

Part 4　選択に関する実践テクニック

Tip 55

選択範囲または透明部分以外を塗りつぶしたい

↓

[描画色で塗るには Option + Delete 、
背景色で塗るには ⌘ + Delete を押す]

選択範囲を作成して、[編集] メニューの [塗りつぶし] を選択して [塗りつぶし] ダイアログボックスを表示し、[内容] から [描画色] や [背景色] を選択しても変更できますが、ショートカットキーを使うと簡単です。

1 白い標識部分に選択範囲が作成されています。

2 ツールバーの描画色や背景色を設定します。描画色で塗りつぶすには Option + Delete を押します。背景色で塗りつぶすには ⌘ + Delete を押します。

描画色　　　　　　　　　　　背景色

3 描画色や背景色以外ですばやく塗りつぶしたい場合は、Shift + Delete（Windowsでは Shift + Backspace）を押して [塗りつぶし] ダイアログボックスを表示し、[内容] から目的の項目を選択します。

利用写真:http://www.ashinari.com/2017/07/18-395120.php

レイヤーの透明部分を保持して塗りつぶす

選択範囲を ⌘ + J で別レイヤーに複製すると（Tip52参照）、選択範囲以外は透明になります。その透明部分を除いて、描画色と背景色で塗りつぶすことができます。Shift を押しながら同様のキー操作を行います。選択範囲を作成する必要がないので簡単です。

1 選択範囲を作成して⌘+Jを押すと、新規レイヤーに複製されて選択範囲は解除されます。

2 選択範囲を作成していない状態で、透明部分を保持しながら塗りつぶすショートカットキーは、描画色で塗りつぶすにはShift+Option+Deleteになります。

3 背景色で塗りつぶすにはShift+⌘+Deleteを押します。

〔 Point 〕

Dを押すと、描画色を黒、背景色を白の初期設定に戻すことができます。ツールバーの[描画色と背景色を初期設定値に戻す]のショートカットキーです。

Part 4　選択に関する実践テクニック

Tip 56

選択範囲と同じサイズのドキュメントを作成したい

↓

[選択範囲を⌘+Cでコピーしてから
⌘+Nで[新規ドキュメント]]

選択範囲をコピーして、[新規ドキュメント]ダイアログボックスを表示して[作成]ボタンをクリックすれば、自動的に選択範囲と同じサイズの新規ドキュメントが作成されます。

1 選択範囲を作成してから、⌘+C（[編集]メニューの[コピー]）でコピーします。

2 ⌘+N（[ファイル]メニューの[新規]）で[新規ドキュメント]ダイアログボックスを表示します。[クリップボード]が選択されていることを確認します❶。右側の[プリセットの詳細]❷で[解像度]や[カラーモード]などを設定して[作成]ボタンをクリックします❸。選択範囲と同じサイズの新規ドキュメントが作成されます。

3 ⌘+V（[編集]メニューの[ペースト]）で、選択範囲の画像を貼り付けると同じサイズであることが確認できます。

Part 4　選択に関する実践テクニック

選択範囲の境界線の汚れを削除したい

［レイヤー］メニューの［マッティング］でフリンジを削除する

選択範囲の画像を別のレイヤーに配置すると、選択範囲周辺に不要なピクセルが含まれていて、切り抜いた画像の境界線が縁どられてしまう場合があります。これを「フリンジ」といいます。画像の仕上がりが悪くなるので削除しましょう。

1. 選択範囲を別レイヤーに複製して、背景を黒にしました。背景が透明だとフリンジは目立ちませんが、他の画像と合成したり、背景が白や黒の場合、フリンジが目立ってしまうことがあります❶。

2. ［レイヤー］パネルで切り抜き画像を選択し❷、［レイヤー］メニューの［マッティング］の項目でフリンジを削除します。フリンジが暗色なら［黒マット削除］❸、明色なら［白マット削除］❹を選択してみましょう。

3. それでうまく削除できない場合は［フリンジ削除］❺を使用します。［フリンジ削除］ダイアログボックスが表示されるので、［幅］に1〜2pixel程度の数値を入力し［OK］ボタンをクリックします。

[Point]

［不要なカラーの除去］は、レイヤーマスクのある画像のみに使用できます。フリンジを除去するには、［選択とマスク］機能を使って［出力設定］の［不要なカラーの除去］にチェックを入れる方法もあります（Tip82参照）。

Part 4 　選択に関する実践テクニック

Tip 58

ピントの合った部分だけを選択したい

[選択範囲]メニューの[焦点領域]を利用する

対象物と背景が同系色だと、[クイック選択]ツールや[自動選択]ツールでは、思うように選択範囲が作成できない場合があります。そんなときに[焦点領域]機能（CC 2014以降）は、ピントが合っている範囲のみを簡単に選択することができ、色でうまく選択できないときに役立ちます。

1 中央の花とつぼみのみ、ピントが合っている画像です。ここだけ選択したいとき、背景も同じ色なので、色を基準に選ぶツールでは選択しにくくなります。

2 [選択範囲]メニューの[焦点領域]を選択します。

3 [焦点領域]ダイアログボックスが表示されます。初期設定で、[パラメーター]の[自動] ❶ にチェックが入っており、ピントが合っている範囲を自動算出して選択範囲を作成します。初期設定では選択範囲外が白地になっています。

利用写真:http://www.ashinari.com/2016/05/17-393949.php

87

4 [パラメーター]の[焦点範囲]❷のスライダーをドラッグして、ピントの合っている範囲を調整します。数値を大きくすると選択範囲が広がり、小さくすると狭くなります。ここでは広げています。

5 選択範囲の編集操作をしやすくするために、[表示]の[∨]ボタン❸をクリックして[オーバーレイ]を選択します。選択範囲外が半透明の赤色で表示されます。

[Point]
[表示]は F で順番に表示モードが切り替わります。

6 選択範囲の細部を調整するには、[焦点領域加算ツール]❹と[焦点領域減算ツール]❺を使用します。オプションバーの[サイズ]❻でブラシサイズを設定します。

[Point]
[焦点領域加算ツール]と[焦点領域減算ツール]は E で切り替わります。

7 選択範囲を修正していきます。選択されていない箇所は[焦点領域加算ツール]でドラッグして増やし、余計に選択されている箇所は[焦点領域減算ツール]でドラッグして減らします。

8 [エッジをぼかし]❼にチェックを入れると、選択範囲の境界線にぼかしが入り、背景となじませることができます。

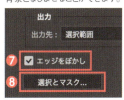

(Point)
さらに詳細に境界線を調整したい場合は、[選択とマスク]ボタン❽をクリックして表示される[選択とマスク]ワークスペースで行います（Part6参照）

9 うまく選択できているか、[表示]の項目を変更して確認するとよいでしょう。ここでは、[レイヤー上]を選択しています。

10 [OK]ボタンをクリックすると、ピントが合っている部分に選択範囲が作成されます。

[Part]

5

選択範囲と
マスクの
テクニック

Part 5

Part 5 選択範囲とマスクのテクニック

Tip 59

選択範囲とアルファチャンネル、マスクの関係

[選択範囲を利用したマスクは、アルファチャンネル、クイックマスク、レイヤーマスクがある]

画像の編集したくない部分を覆って保護する機能を「マスク」といいます。マスクを使うと、画像の一部を覆い隠し、必要な部分だけを表示することができます。基本的にマスクは、選択範囲を使用して作成しますが、パスやチャンネルから作成することもできます。

アルファチャンネル

選択範囲を記録しておきたい場合、Photoshopではグレースケール画像に変換されて［チャンネル］パネルに保存されます。この選択範囲の情報（チャンネル）を「アルファチャンネル」といいます。保存したアルファチャンネルは、追加や一部削除、加工などの編集をすることができ、再び選択範囲として読み込むことができます。

(Point)
［チャンネル］パネルは、カラー情報やさまざまな情報を持つグレースケール画像を管理するパネルです。アルファチャンネルは、「カラー情報以外の情報」を保存するチャンネルになります。

1. 選択範囲を作成して［選択範囲］メニューの［選択範囲を保存］を選択します。［選択範囲を保存］ダイアログボックスが表示されますので、［名前］をつけないで［新規チャンネル］として［OK］ボタンをクリックします。

2 [チャンネル]パネルに「アルファチャンネル1」が作成されます❶。目のアイコンをクリックして「アルファチャンネル1」だけを表示させると、グレースケールの画像ということがわかります。白い部分が選択範囲で、黒い領域が選択範囲外としてマスクされています。

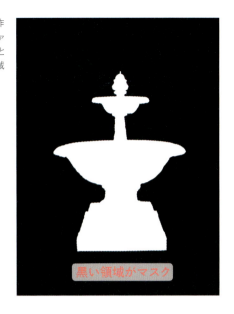

クイックマスク

クイックマスクモードに切り替えると、一時的に選択範囲を編集するモードになります。半透明の赤色で表示される範囲がマスクされた領域を表します。描画色をグレースケールで切り替えて、選択範囲は白かグレー、マスクは黒で塗り分けて編集ができます。クイックマスクモードを解除すると半透明の赤の表示は消え、マスク以外が選択範囲になります。

1 ツールバーの下部にある[クイックマスクモードで編集]ボタンをクリックします。クイックマスクモードと通常モード(画像描画モード)は、Qで切り替わります。

2 クイックマスクモードで編集中は[チャンネル]パネルに「クイックマスク」が表示されます。

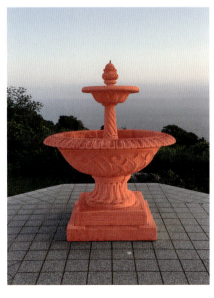

93

レイヤーマスク

レイヤーマスクは、元の画像は保持したまま、レイヤーの一部を覆い隠して見えなくする機能で、［レイヤー］パネルで管理します。レイヤーマスクはグレースケール画像で、画像を隠す（マスクする）領域は黒く、画像を表示する領域は白く塗り分けます。主に、画像の一部を表示する合成画像に使用します。

1 選択範囲を作成し［レイヤー］パネルの［レイヤーマスクを作成］ボタン❷を押すか、［レイヤー］メニューの［レイヤーマスク］で［選択範囲外をマスク］か［選択範囲をマスク］を選択します。選択範囲がレイヤーマスク❸に変換されて［レイヤー］パネルに保存されます。レイヤーマスクを選択すると、［チャンネル］パネルに「レイヤーXマスク」❹が表示されます。

2 選択範囲の対象物以外がマスクされ、その領域には下にある「水色」レイヤーの画像が表示されます。

ベクトルマスク

ベクトルマスクは、［ペン］ツールやシェイプ系ツールを使用して作成するマスクです。見た目はレイヤーマスクと同じ仕上がりですが、拡大・縮小などの変形を行っても画像が劣化することはありません。

［ペン］ツールで作成したパス❺を選択して［レイヤー］メニューの［ベクトルマスク］→［現在のパス］を選択します。［レイヤー］パネルにベクトルマスク❻が表示され、［パス］パネルには「レイヤーXベクトルマスク」❼が表示されます。

クリッピングマスク

下のレイヤーの透明ピクセルで、上のレイヤーの画像をマスクする機能で、[レイヤー]パネルで管理します。選択範囲やパスは必要ありません。テキストレイヤーをベースレイヤーとしてマスクに使うと、あとから文字編集ができるので、文字の中に画像を配置する用途にもよく使われます。

1 上に「水色」の画像レイヤーがあります。下にある「レイヤー0」は切り抜き画像で、周囲は透明です。

2 「水色」レイヤーを選択して[レイヤー]メニューの[クリッピングマスクを作成]を選択します。または[レイヤー]パネルで2つのレイヤーの境界を Option を押しながらクリックしてもクリッピングマスクにできます。

3 上の「水色」レイヤーが下の「レイヤー0」の透明部分でマスクされ、切り抜かれます。ベースレイヤー(下のレイヤー)のレイヤー名は下線が表示され❽、クリッピングマスクレイヤー(上のレイヤー)のサムネールはインデントされ、クリッピングマスクアイコンが表示されます❾。

Part 5　選択範囲とマスクのテクニック

選択範囲を何度でも使えるようにしたい

↓

[[チャンネル]パネルの
[選択範囲をチャンネルとして保存]で保存する]

選択範囲を保存すると、グレースケール画像に変換されて[チャンネル]パネルに保存されます。何度でも読み込んで使用することができます。

1 選択範囲を作成し[チャンネル]パネルの[選択範囲をチャンネルとして保存]ボタン❶をクリックします。「アルファチャンネル1」❷という名前で保存されます。

2 選択範囲を⌘+D([選択範囲]メニューの[選択を解除])で解除します。

3 保存した選択範囲を読み込むには、⌘を押しながら、図のようなカーソル形状で「アルファチャンネル1」をクリックします。

(Point)

[チャンネル]パネルでチャンネルの「アルファチャンネル1」を選択し、[チャンネルを選択範囲として読み込む]ボタン❸をクリックしても、選択範囲を読み込むことができます。

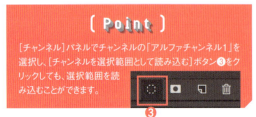

Tip 61

アルファチャンネルに保存した選択範囲に追加したい

[追加する選択範囲を作成して[選択範囲を保存]ですでに保存した選択範囲に追加する]

保存した選択範囲に、さらに選択範囲を追加することができます。複雑な対象物の選択は、少しずつ選択範囲を保存して増やしていくと作業しやすくなります。

1 すでにアルファチャンネル（グレースケール画像）に保存している選択範囲に追加します。

2 追加したい選択範囲（ここでは地面を選びます）を作成します。

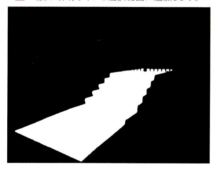

3 [選択範囲]メニューから[選択範囲を保存]を選択します。[選択範囲を保存]ダイアログボックスが表示されるので、[チャンネル]で追加したいチャンネルを選択し（ここでは「アルファチャンネル1」）❶）、[選択範囲]の[チャンネルに追加]❷にチェックを入れて[OK]ボタンをクリックします。

4 「アルファチャンネル1」に選択範囲が追加されました。

5 ［チャンネル］パネルで「アルファチャンネル1」を選択して表示すると（「RGB」の目のアイコンが消えて非表示になります）、追加して保存された選択範囲（グレースケール画像）が確認できます。

選択範囲にアルファチャンネルの範囲を追加するには

1 追加したい選択範囲を作成したら、「アルファチャンネル1」を⌘＋Shiftを押しながらクリックします。このときカーソルには[＋]が表示されます。アルファチャンネルに保存している選択範囲が追加されます。

2 追加した選択範囲を保存するには、［選択範囲をチャンネルとして保存］③ボタンをクリックします。「アルファチャンネル2」が作成され保存されます。

[Point]

もしくは［選択範囲］メニューの［選択範囲を保存］を実行して、［選択範囲を保存］ダイアログボックスで［チャンネル］プルダウンメニューから「アルファチャンネル1」を選択し、［選択範囲］は［チャンネルの置き換え］を選ぶと、「アルファチャンネル1」の選択範囲を上書きして保存することができます。

Part 5　選択範囲とマスクのテクニック

Tip 62

アルファチャンネルに保存した選択範囲から一部を削除したい

［選択範囲を保存］ダイアログボックスで［チャンネルから削除］を選択する

保存した選択範囲から、一部を削除することができます。すばやく操作したい場合は、［選択範囲を保存］ダイアログボックスを使用します。ショートカットキーでも操作はできますが、一部を削除する選択範囲を［チャンネル］パネルに一度保存する必要があります。

1 アルファチャンネルに保存している選択範囲（グレースケール画像）です。

2 一部を削除したい選択範囲を作成します。ここでは種の部分を除外するために選択します。

3 ［選択範囲］メニューから［選択範囲を保存］を選択します。［選択範囲を保存］ダイアログボックスが表示されるので、［チャンネル］で一部を削除したいチャンネルを選択し（ここでは「アルファチャンネル1」❶）、［選択範囲］の［チャンネルから削除］❷にチェックを入れて［OK］ボタンをクリックします。

利用写真:http://www.ashinari.com/2013/08/09-380853.php

4　「アルファチャンネル1」の選択範囲から選択した範囲が一部削除されました。

5　[チャンネル]パネルで「アルファチャンネル1」を選択して表示すると（「RGB」の目のアイコンが消えて非表示になります）、一部削除して保存された選択範囲（グレースケール画像）が確認できます。

ショートカットキーでの操作

1　一部を削除したい選択範囲を作成し、[選択範囲をチャンネルとして保存]❶ボタンをクリックして、「アルファチャンネル2」❷として保存します。

2　「アルファチャンネル1」❸を⌘を押しながらクリックして選択範囲を読み込みます。

3　「アルファチャンネル2」の選択範囲を⌘+Optionを押しながらクリックします❹。このときカーソルには[-]が表示されます。「アルファチャンネル2」の選択範囲が削除されます。

4　[選択範囲をチャンネルとして保存]ボタン❺をクリックして、「アルファチャンネル3」❻として保存します。

Part 5　選択範囲とマスクのテクニック

Tip 63 アルファチャンネルの選択範囲を編集したい

グレースケール画像として描画ツールやコマンドでの編集が自由にできる

アルファチャンネルはグレースケール画像なので、描画ツールで塗って編集したり、コマンドやフィルターを使って加工することができます。操作は元に戻せないのでアルファチャンネルを複製してから編集するとよいでしょう。

1 アルファチャンネルに保存している選択範囲（グレースケール画像）です。

2 編集する前に、アルファチャンネルの複製を作成します。「アルファチャンネル1」を［新規チャンネルを作成］ボタン❶にドラッグ&ドロップすると、「アルファチャンネル1のコピー」が作成されます。この複製した「アルファチャンネル1のコピー」で編集します。

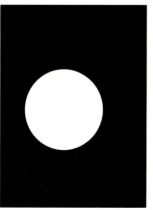

3 ［ブラシ］ツールで描画色を白に設定して描画すると❷、選択範囲を広げることができます。

［ブラシツール］

選択範囲とマスクのテクニック

4 ［フィルター］メニューの［ぼかし］→［ぼかし（ガウス）］を選択し［ぼかし（ガウス）］ダイアログボックス❸を表示します。［半径］の設定をして［OK］ボタンをクリックすると、選択範囲をぼかすことができます。

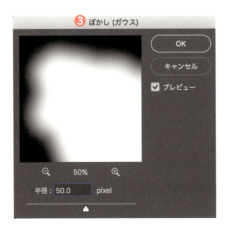

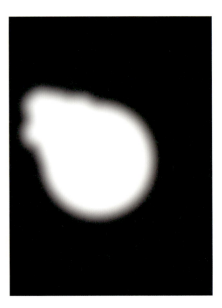

5 編集が終わったら、［チャンネル］パネルの［チャンネルを選択範囲として読み込む］ボタン❹をクリックすると選択範囲が読み込まれます。

6 「RGB」チャンネル❺をクリックしてアクティブにして画像を表示します。ブラシでの描画とぼかし機能で、選択範囲が編集されました。

Part 5　選択範囲とマスクのテクニック

Tip 64

アルファチャンネルの選択範囲を画像を見ながら編集したい

↓

[アルファチャンネルを選択してから「RGB」チャンネルの目のアイコンをクリック]

［チャンネル］パネルで、アルファチャンネルを選択してアクティブにすれば、グレースケール画像で編集できますが、画像が見えないと特定範囲の選択や、細部を調整することは困難です。画像を見ながらアルファチャンネルの選択範囲を編集するには、半透明の赤色で表示して、画像が透けて見える状態にします。

1 ［チャンネル］パネルで、アルファチャンネル❶をクリックしてアクティブにしてから、「RGB」チャンネル（合成チャンネル）の目のアイコン❷をクリックして表示します。

2 アルファチャンネルの情報が半透明の赤色で表示され、画像が透けて見える状態になります。

3 アルファチャンネルがアクティブになっているので、画像を見ながら編集します。マスクの黒が半透明の赤で表示されているだけですので、編集はTip63で紹介した方法で同じようにできます。

Part 5　選択範囲とマスクのテクニック　

アルファチャンネルを含めてファイルに保存したい

↓

[別名で保存]ダイアログボックスで [アルファチャンネル]にチェックする

アルファチャンネルを含めて保存できるかはファイル形式によります。[別名で保存]ダイアログボックスで、フォーマットを[Photoshop][TIFF][Photoshop PDF]などを選択し、[保存]の[アルファチャンネル]にチェックが入っていることを確認して保存します。

1 [ファイル]メニューの[保存]または、[別名で保存]を選択して、[別名で保存](Windowsは[名前を付けて保存])ダイアログボックスを表示します。[フォーマット]で保存形式を選択した際、[保存]の[アルファチャンネル]にチェックが入っている状態が表示されると、その形式は、アルファチャンネルを含めて保存できます。Photoshop形式のほか、BMP、TIFFなどがアルファチャンネルを保存できます。

2 [アルファチャンネル]の文字がグレーで警告マークが表示された場合、選択している保存形式は、アルファチャンネルを含めて保存することができません。JPEG形式は、アルファチャンネルを破棄して保存されます。

Part 5 選択範囲とマスクのテクニック

Tip 66

選択範囲をできるだけ小さな ファイル容量で保存したい

↓

[選択範囲をパスに変換し、JPEG形式で保存する]

選択範囲をアルファチャンネルとして保存するとファイル容量が大きくなります。ファイル容量を小さくしたい場合、パスに変換してJPEG形式で保存する方法があります。パスはあとから選択範囲に変換することができます。ただし、パスに変換するため（ベクトルオブジェクト）、ぼかしや不透明度が設定されていない選択範囲に限ります。

1 図のような選択範囲をアルファチャンネル（グレースケール画像）として保存すると、Photoshop形式でファイルサイズは17.1MBになりました

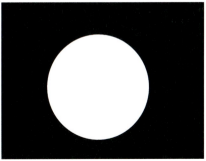

2 「アルファチャンネル1」を⌘を押しながらクリックして選択範囲を読み込みます。

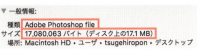

3 ［パス］パネルで［選択範囲から作業用パスを作成］ボタン❶をクリックしてパスに変換します❷。

105

4 ［ファイル］メニューの［別名で保存］を選択し［別名で保存］(Windowsは［名前を付けて保存］）ダイアログボックスを表示します。［フォーマット］を［JPEG］にして［保存］ボタンをクリックします。続けて［JPEGオプション］ダイアログボックスで任意に画質を設定し（ここでは初期設定の8）［OK］ボタンをクリックします。JPEG形式はアルファチャンネルを保存できませんが、パスは保存されます（Tip65参照）。

5 JPEG形式で保存したファイルの容量を見てみましょう。MacではFinderでファイルを選択して❸、⌘＋[I]（［ファイル］メニューの［情報を見る］）で［情報］ウィンドウを表示します。WindowsではExplorerでファイルを右クリックして［プロパティ］を選択して、［（ファイル名）のプロパティ］ウィンドウを表示します。ファイルサイズを確認すると❹。4.7MBになりました。

Part 5　選択範囲とマスクのテクニック

Tip 67

カラーチャンネルから選択範囲を作成する

⬇

[カラーチャンネルを複製し、アルファチャンネルとして
保存して選択範囲を作成する]

コントラストが強く、はっきりしているカラーチャンネルを複製してアルファチャンネルとして保存すれば、複雑な形の対象物でも簡単に選択範囲が作成できます。ここでは、木の葉の部分に選択範囲を作成します。

1 ［チャンネル］パネルで［レッド］［グリーン］［ブルー］のチャンネルを順にクリックして表示し、コントラストが強いチャンネルを使用します。ここでは［ブルー］を選びます。

［レッド］チャンネル

［グリーン］チャンネル

［ブルー］チャンネル

2 ［チャンネル］パネルの［ブルー］を［新規チャンネルを作成］ボタンにドラッグ＆ドロップします。「ブルーのコピー」がアルファチャンネルとして保存されます。

107

3. 「ブルーのコピー」のコントラストを調整します。⌘+L（[イメージ]メニューの[色調補正]→[レベル補正]）で[レベル補正]ダイアログボックスを表示します。左端のシャドウスライダー❶と右端のハイライトスライダー❷を中央にある中間調スライダー❸に近づけるようにドラッグして白黒のコントラストを強くします。調整が終わったら、[OK]ボタンをクリックします。

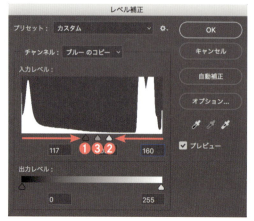

(Point)

[レベル補正]ダイアログボックスは、ヒストグラムを見ながらシャドウ、中間調、ハイライトを調整してコントラストを補正する機能です。

4. ⌘+I（[イメージ]メニューの[色調補正]→[階調の反転]）でアルファチャンネルの白黒を反転します。

5 選択ができていない部分は、描画色を白に設定して[ブラシ]ツールで塗りつぶします。

6 「RGB」チャンネル（合成チャンネル）❹をクリックしてアクティブにします。

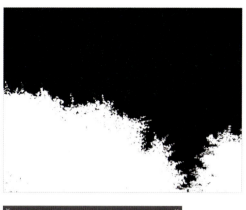

7 アルファチャンネルの「ブルーのコピー」❺を⌘を押しながらクリックします。

8 選択範囲が読み込まれ、複雑な木の葉の部分に選択範囲が作成されました。

Part 5　選択範囲とマスクのテクニック

Tip 68

選択範囲を別のファイルで使用したい

↓

[アルファチャンネルをコピーして、
別のファイルのアルファチャンネルにペーストする]

［選択範囲］メニューの［選択範囲を読み込む］ダイアログボックスでも、別のファイルに選択範囲を読み込むことはできますが、コピー元とコピー先のファイルを同時に開き、同じサイズと解像度でなければできません。ここでは、サイズの異なる別のファイルで、選択範囲を使用する方法を紹介します。

① コピー元のファイルには、アルファチャンネルに選択範囲が保存されています。

② ［チャンネル］パネルに保存しているアルファチャンネルを選択し、⌘+A（［選択範囲］メニューの［すべてを選択］）ですべてを選択し、⌘+C（［編集］メニューの［コピー］）でコピーします。

③ コピー先のファイルを開きます。わかりやすいように青い背景にしています❶。

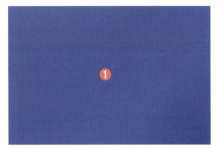

110　利用写真:http://www.ashinari.com/2013/08/07-380817.php

4　［チャンネル］パネルの［新規チャンネルを作成］ボタン❷をクリックして「アルファチャンネル1」❸を作成します。

5　「アルファチャンネル1」がアクティブな状態で、⌘+Ⅴ（［編集］メニューの［ペースト］）でコピーしたアルファチャンネルをペーストします。アルファチャンネルの画像がペーストされたら、⌘+D（［選択範囲］メニューの［選択を解除］）で選択を解除します。

6　「RGB」チャンネル（合成チャンネル）❹をクリックしてアクティブにして、［アルファチャンネル1］❺を⌘を押しながらクリックします。コピー先のファイルに、選択範囲が読み込まれたことが確認できます。

Part 5 　選択範囲とマスクのテクニック

クイックマスクとアルファチャンネルの違いは?

[選択範囲をすぐ確認して編集するのがクイックマスク
保存して編集できるのがアルファチャンネル]

クイックマスクとアルファチャンネルは、類似している点が多い機能です。どちらも選択系のツールだけでは困難な複雑な形の選択や細部調整など、高精度な選択範囲が作成できます。選択範囲外が半透明の赤色で表示され、ぼかしや不透明度の設定が視覚的にわかりやすく確認できます。

クイックマスクは一時用

クイックマスクは選択範囲の一時的な確認や、微調整などの編集のための機能です。ツールバーの下部にあるボタンか Q で画像描画モードとクイックマスクモードをすぐ切り替えて、すばやく作業ができます。

クイックマスクモードで編集中だけ[チャンネル]パネルに「クイックマスク」と表示されます。

アルファチャンネルは保存用

アルファチャンネルは、選択範囲を保存しておく機能です。あとから呼び出して使ったり、編集ができます。2つの違いは「選択範囲を保存するか、しないか」になります。クイックマスクで一時的な編集作業を行い、結果をアルファチャンネルに記録するというのは、よく行う操作です（Tip74参照）。

複数の選択範囲をアルファチャンネルとして保存できます。

Part 5　選択範囲とマスクのテクニック

Tip 70

画像を見ながら境界をぼかした選択範囲を作成したい

↓

[クイックマスクモードに切り替え、
マスクにぼかしの設定をする]

クイックマスクモードに切り替えると、選択範囲外が半透明の赤色のマスクで表示されます。マスクの下にある画像が透けて見えるので、ぼかし具合を確認しながら設定できます。ここでは、[長方形選択]ツールで選択範囲を作成し、[ぼかし（ガウス）]機能でマスクをぼかして選択範囲の境界線をぼかします。

1 [長方形選択]ツールで選択範囲を作成します（ここでは海の部分）。Qを押すか[クイックマスクモードで編集]ボタン❶をクリックして、クイックマスクモードに切り替えます。選択範囲外が半透明の赤色で表示されます。

2 マスクにぼかしを入れます。[フィルター]メニューの[ぼかし]→[ぼかし（ガウス）]を選択して[ぼかし（ガウス）]ダイアログボックスを表示します。プレビュー❷で境界線が見える位置までドラッグし、スライダー❸を動かしてぼかしの設定をします。[OK]ボタンをクリックすると、マスクにぼかしが入ります。

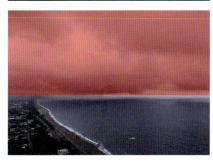

113

3 Qを押すか[画像描画モードで編集]ボタン❹をクリックして、画像描画モード(通常のモード)に戻します。境界線にぼかしが入った選択範囲が作成されます。ただし、画像上では選択範囲は点線で表示されるので、ぼかしの確認はできません。

4 ⌘+Jで選択範囲を新規レイヤーに配置して、「背景」の目のアイコンをクリックして非表示にすると、ぼかしの入った画像が作成されていることが確認できます。

5 例えば、調整レイヤーを作成して選択範囲だけを自然に色を変更することができます(Tip54参照)。

Part 5　選択範囲とマスクのテクニック

Tip 71

大きくぼかして自然に色調を変化させたい

［クイックマスクモードでグラデーションを描画して、選択範囲にして［トーンカーブ］で補正する］

クイックマスクモードで、曖昧にぼかして色調を操作したい部分にグラデーションのマスクを作成します。画像描画モードに戻して選択範囲にし、画像を色調補正すれば、自然に色調を変化させることができます。

1 画像を開き、Qを押すか［クイックマスクモードで編集］ボタン❶をクリックして、クイックマスクモードに切り替えます。

2 ［グラデーション］ツールを選択し、オプションバーで［円形グラデーション］❷を選択します。

3 暗くしたい中心から斜め下に向かってドラッグしてグラデーションを描画します。グラデーションは、ドラッグした長さや向きによって変化します。目的のグラデーションになるまで繰り返し描画しましょう。

4 Qを押すか［画像描画モードで編集］ボタン❸をクリックして、画像描画モード（通常のモード）に戻します。半透明の赤のマスク表示が消え、選択範囲に変わります。

ドラッグ

115

5 ⌘ + Shift + I（［選択範囲］メニューの［選択範囲を反転］）で選択範囲を反転します。

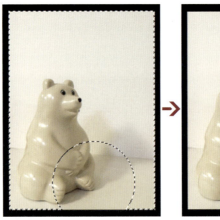

6 ［レイヤー］パネルの［塗りつぶしまたは調整レイヤーを新規作成］ボタン❹をクリックして、ここでは［トーンカーブ］を選びます。選択範囲がレイヤーマスクになった「トーンカーブ1」レイヤーが作成されます。

7 ［属性］パネルでトーンカーブの中間調の部分を下にドラッグして、対象物の周囲が暗くなるように調整します。調整レイヤーについては、Tip54を参照してください。トーンカーブの中央を下げて暗くしています。

8 選択範囲の明るさが調整されて自然な感じで暗くなりました。

Part 5　選択範囲とマスクのテクニック

Tip 72

曖昧な輪郭の形をブラシで選択したい

⬇

[クイックマスクモードで[硬さ：0%]のブラシで
輪郭を描き、[不透明度：100%]で内部を塗りつぶす]

輪郭が曖昧な対象物の選択は、選択範囲の境界線にぼかしを入れます。クイックマスクモードに切り替えて、対象物の輪郭をぼかしのあるブラシで描画してから、内部を[不透明度：100%]（もしくは、ぼかしのないブラシ）で塗りつぶせば、ソフトな輪郭の選択範囲が作成できます。

1 クイックマスクモードで、ぬいぐるみのように輪郭が曖昧な画像を選択してみます。

2 [ブラシ]ツールを選択し、オプションバーで[不透明度：100]であることを確認します。対象物に合わせて[直径]でブラシのサイズを設定し、[硬さ：0%]❶にしてぼかしのあるブラシに設定します。

3 Qを押すか[クイックマスクモードで編集]ボタン❷をクリックして、クイックマスクモードに切り替えます。[ブラシ]ツールで対象物の輪郭をドラッグして描画します。

利用写真:http://www.ashinari.com/2014/08/14-389621.php

117

4 ［自由選択］ツールで内部をクリックして選択します。

5 ［選択範囲］メニューの［選択範囲を変更］→［拡張］を選択して［選択範囲を拡張］ダイアログボックスを表示します。ブラシの［直径］の半分くらいの数値を［拡張量］に入力し（ここでは30pixel）、［OK］ボタンをクリックして選択範囲を大きくします。

6 描画色が黒であることを確認し、選択範囲内を Option + Delete で塗りつぶし、⌘ + D （［選択範囲］メニューの［選択を解除］）で選択を解除します。

(Point)

［編集］メニューの［塗りつぶし］を選択して［塗りつぶし］ダイアログボックスを表示しても、塗りつぶしの設定が行えます。

7 塗り残しがある場合は、[ブラシ]ツールを選択し、オプションバーで[硬さ:100%]❸に設定して、ぼかしのないブラシで描画します。先に描画した輪郭部分と塗りつぶした部分の境目を念入りにドラッグして描画しておくと、きれいな選択範囲に仕上がります。

8 Qを押すか[画像描画モードで編集]ボタン❹をクリックして、画像描画モード(通常のモード)に戻します。

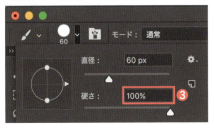

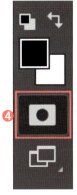

9 ぬいぐるみ以外が選択されているので、⌘+Shift+I([選択範囲]メニューの[選択範囲を反転])で選択範囲を反転します。

10 ⌘+Jキーで新規レイヤーに複写して「背景」の目のアイコンをクリックしてを非表示にすると、ソフトな輪郭であることが確認できます。

(Point)
さらに境界線を詳細に設定したい場合は、[選択とマスク]を使用します(Part6参照)。

119

Part 5　選択範囲とマスクのテクニック

Tip 73

マスク編集時の半透明の赤色を変更したい

↓

[選択範囲を色で表示したり、
色と不透明度が変更できる]

クイックマスクやアルファチャンネルを編集するとき、画像によっては半透明の赤色のマスクでは見づらいことがあります。変更するとよいでしょう。

クイックマスク

1 ［クイックマスクモードで編集］ボタン❶をダブルクリックすると［クイックマスクオプション］ダイアログボックスが表示されます。初期設定では、［着色表示］が［マスク範囲に色を付ける］❷に設定されています。

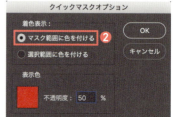

2 葉っぱに選択範囲を作成して、クイックマスクモードに切り替えると、初期設定では選択範囲外が半透明の赤色で表示されます。［着色表示］で［選択範囲に色を付ける］❸を選択すると、選択範囲が半透明の赤色で表示されます❹。

3 ［表示色］のサムネール❺をクリックすると、［カラーピッカー（クイックマスクカラー）］ダイアログボックス❻が表示されます。色を選択して［OK］ボタンをクリックします。

120　　　　　　　　　　　　利用写真:http://www.ashinari.com/2010/07/23-338738.php

4　マスクの色が変更されます。[不透明度]でマスクされる画像の見え方を調整できます。対象物が赤系で作業しづらい場合は変更するとよいでしょう。

アルファチャンネル

アルファチャンネルの表示色の設定は、新規作成の場合と、すでに作成したアルファチャンネルの場合で2通りあります。

1　アルファチャンネルを新規作成するときに（選択範囲を作成して）、[チャンネル]パネルの[選択範囲をチャンネルとして保存]ボタン❼を Option を押しながらクリックします。[新規チャンネル]ダイアログボックスが表示されます。設定内容はクイックマスクのときと同じです。

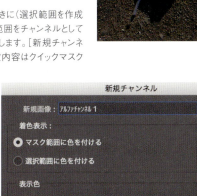

2　保存ずみのアルファチャンネルは、[チャンネル]パネルでダブルクリックすると[チャンネルオプション]ダイアログボックスが表示されます。アルファチャンネルごとに設定を変更できます。

(Point)

[チャンネル]パネルメニューから[新規チャンネル]または[チャンネルオプション]を選択しても各ダイアログボックスが表示されます。

Part 5　選択範囲とマスクのテクニック　Tip 74

クイックマスクをアルファチャンネルに変換したい

［チャンネル］パネルで「クイックマスク」を ［新規チャンネルを作成］ボタンにドラッグ

クイックマスクモードで編集したマスク（選択範囲）をアルファチャンネルにする方法は簡単です。［チャンネル］パネルで操作します。

1 クイックマスクモードで選択範囲を編集しているとき、［チャンネル］パネルには「クイックマスク」が表示されています。これを［新規チャンネルを作成］ボタン❶にドラッグ&ドロップします。「クイックマスクのコピー」チャンネル❷が作成されます。

2 Qを押すか［画像描画モードで編集］ボタン❸をクリックして画像描画モードに戻ると、「クイックマスク」は消えますが「クイックマスクのコピー」チャンネルは残っています。名前をダブルクリックすると任意に変更できます。

(Point)

クイックマスクモードで対象物を選択する際は、［着色表示］を［選択範囲に色を付ける］設定にして塗りつぶすと簡単です（Tip73参照）。編集が終わったら、⌘+I（［イメージ］メニューの［色調補正］→［階調の反転］）で、選択範囲が白い通常のマスクにするといいでしょう。

Part 5　選択範囲とマスクのテクニック

Tip 75

選択範囲をレイヤーマスクにしたい

↓

[[レイヤー]パネルの
[レイヤーマスクを追加]ボタンをクリックする]

レイヤーマスクは、元の画像は保持したまま、レイヤーの一部を覆い隠して見えなくする機能です。選択範囲を示すグレースケール画像のマスクを[レイヤー]パネルで管理します。主に、下の画像の一部を見せる合成に使用します。アルファチャンネルと似ていますが、レイヤーに紐づけされています。

1 赤い「背景」の上に手の写真の「レイヤー1」が重なっている状態です。

2 「レイヤー1」をアクティブにして手に選択範囲を作成し、[レイヤー]パネルの[レイヤーマスクを追加]ボタンを❶クリックします。

利用写真:http://www.ashinari.com/2009/09/30-029226.php

3. 「レイヤー1」のサムネールの横にレイヤーマスク❷が作成され、黒い領域がマスクされて「背景」の赤色が表示されます。

4. レイヤーマスクのサムネール❸を Option を押しながらクリックすると、レイヤーマスクのグレースケール画像に切り替わり、描画や加工などの編集ができます。再び Option を押しながらクリックすると、レイヤーマスクで合成された画像に戻ります。

5. レイヤーマスクのサムネール❹を Shift を押しながらクリックすると、レイヤーマスクが一時的に無効になり、赤い×印が表示されます。結果的に「レイヤー1」の画像が表示されます。再び、レイヤーマスクのサムネールを Shift を押しながらクリックすると、レイヤーマスクで合成された画像に戻ります。

Part 5　選択範囲とマスクのテクニック

Tip 76

選択範囲をベクトルマスクにしたい

↓

[選択範囲をパスに変換し、[レイヤーマスクを追加]
ボタンを⌘を押しながらクリックする]

ベクトルマスクは、パスの形状でマスクを作成し、主に、下の画像の一部を見せる合成に使用します。アンカーポイントやハンドル操作で形状を編集できるので、はっきりした単純なマスクを作成する場合に利用されます。

1 星空の「背景」と月の「レイヤー1」が重なっている状態です。

2 「レイヤー1」の対象物に選択範囲を作成し、[パス]パネルの[選択範囲から作業用パスを作成]ボタン❶をクリックします。

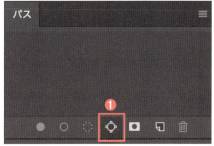

利用写真:http://www.ashinari.com/2014/03/08-386787.php　　http://www.ashinari.com/2011/04/03-346411.php

3 選択範囲から「作業用パス」❷が作成されます。

4 [パス]パネル(または[レイヤー]パネル)の[レイヤーマスクを追加]ボタン❸を、⌘を押しながらクリックすると「レイヤー1ベクトルマスク」❹が作成され、パスで描画した領域がマスクされて「背景」の星空が表示されます。

(Point)

[パス]パネルの「作業用パス」が選択された状態で、[ペン]ツールのオプションバーの[新規ベクトルマスクを作成]([マスク])ボタン❺をクリックするか、あるいは[レイヤー]メニューの[ベクトルマスク]→[現在のパス]を選択しても、ベクトルマスクが作成できます。

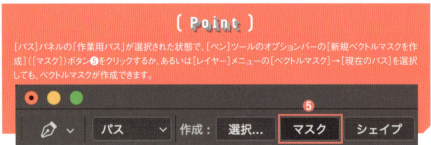

5 [レイヤー]パネルのベクトルマスクのサムネール❻を[Shift]を押しながらクリックすると、ベクトルマスクが一時的に無効になり、赤い×印が表示されます。再び、ベクトルマスクのサムネールを[Shift]を押しながらクリックすると有効になります。

Part

6

［選択とマスク］ 完璧マスター

Part 6

Part 6　［選択とマスク］完璧マスター

Tip 77

［選択とマスク］とは？

↓

[人物や動物の毛並みなどの複雑な選択範囲の
境界を高精度に調整する機能]

［選択とマスク］（CC 2015.5以降）は、以前は［境界線の調整］と呼ばれていた機能です。従来どおり選択範囲を作成したあとの仕上げとして利用するほか、専用のワークスペースで、選択範囲から作成することもできます。

［選択とマスク］ワークスペースを起動する

［選択範囲］メニューの［選択とマスク］を選択するか、⌘＋Option＋Rを押すと、［選択とマスク］ワークスペースが起動します。また、選択系のツールを使用中は、オプションバーの［選択とマスク］ボタン❶が表示されますので、クリックして起動できます。

［選択とマスク］ワークスペース

利用写真:http://www.ashinari.com/2014/09/14-390390.php

各ツールのオプションバー❷

選択範囲の追加や削除、ブラシサイズ、すべてのレイヤーを対象にするかどうかを設定します。［手のひら］ツール、［ズーム］ツールを選択している時は、画面サイズの変更ボタンなどが表示されます。

［手のひら］ツールのオプションバー

［ズーム］ツールのオプションバー

ツール❸

画像描画モード（通常のモード）と同じツールと、専用の新しいツールがあります。

← ［クイック選択］ツール
← ［境界線調整ブラシ］ツール
← ［ブラシ］ツール
← ［なげなわ］ツール（［多角形選択］ツール）
← ［手のひら］ツール
← ［ズーム］ツール

［属性］パネル❹

選択範囲を調整します。選択範囲の境界線を滑らかにしたり、ぼかしを入れるなどの設定をプレビュー画像を確認しながら操作します。

［表示モード］の［表示］の項目から見やすい表示モードに切り替えて作業をします。7種類の表示モードがあります。

129

Part 6　［選択とマスク］完璧マスター

Tip 78

プレビューの表示を見やすく変更したい

↓

[Fを押して［表示モード］を順番に切り替え、見やすい表示モードを選択する]

［表示モード］は、選択範囲に対しての表示モード（形式）を指定するもので、プレビュー画像を見やすい表示モードに切り替えて作業できます。画像の内容によって、見やすい表示モードは異なりますので、いろいろ試してみるとよいでしょう。

1 芝生の「背景」と犬の「レイヤー1」が重なっている状態です。

レイヤー1

背景

2 「レイヤー1」の犬に選択範囲を作成し、⌘＋Option＋Rを押します。

(Point)
選択範囲は、［選択とマスク］ワークスペース内で作成することもできます。

130　利用写真:http://www.ashinari.com/2014/03/04-386612.php

3 [選択とマスク]ワークスペースが起動します。[属性]パネルの[表示モード]の[表示]❶のサムネール、もしくは[V]ボタンをクリックすると、選択範囲に対しての表示モードが選択できます。

4 表示モード名の横にあるアルファベットは、その表示モードのショットカットキーになります。また[X]を押すと一時的に表示モードが無効になります。再度[X]を押すと表示モードに戻ります。

オニオンスキン[O]

[オニオンスキン]は、レイヤーを透明な選択範囲でマスクされた状態で表示します(CC 2015.5で追加)。[透明部分]❷で見やすい濃度に変更できます。

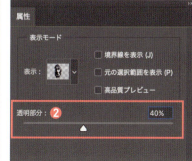

点線 [M]
選択範囲を標準的な点線で表示します。

オーバーレイ [V]
選択範囲をクイックマスクとして半透明の赤色で表示します。[Option]を押しながらクリックすると、[クイックマスクオプション]ダイアログボックスが表示され、[着色表示]と[表示色]の変更ができます。

黒地 [A]
初期設定では、選択範囲を不透明度50%の黒い背景の上に配置します。不透明度は変更できます。

白地 [T]

初期設定では、選択範囲を不透明度50%の白い背景の上に配置します。不透明度は変更できます。

白黒 [K]

選択範囲をグレースケールのマスクで表示します。

レイヤー上 [Y]

レイヤーを選択範囲でマスクされた状態で表示します。

Part 6　[選択とマスク]完璧マスター

[選択とマスク]のツールの使い方は?

[[クイック選択]ツールで大まかに選択し [境界線調整ブラシ]ツールで境界線を調整する]

[境界線調整ブラシ]ツール（CS以前は[半径調整]ツール）は、繊細な細部を自動で検出して選択します。ブラシサイズは、オプションバーで数値を入力して変更できますが、[ ] か [ ]（括弧キー）を押しても数値を変更できます。

1 ワークスペースの左側に縦に並ぶツールは、2番目の[境界線調整ブラシ]ツールだけが独自ツールですが、基本的に画像描画モードのツール操作と同じです。オプションバーにある[選択範囲に追加]ボタン❶は、選択範囲を追加する場合に、[現在の選択範囲から一部削除]ボタン❷は、選択範囲から一部削除する場合に使用します。

[Point]

[選択範囲に追加]ボタンを選択して操作中に Option を押すと、選択範囲から一部削除できるモードになり、[現在の選択範囲から一部削除]ボタンを選択して操作中に Shift を押すと、選択範囲を追加できるモードになります。

2 ツールを使用する前に、[属性]パネルの[表示モード]を[オーバーレイ]❸にして操作を見やすくしておきます。V を押すと[オーバーレイ]が選択できます。

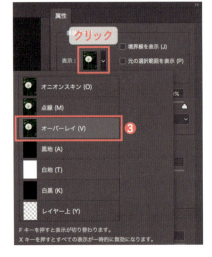

利用写真:http://www.ashinari.com/2012/06/03-362962.php

3️⃣ ここでは、[クイック選択]ツール❹を選択し、対象物に合わせてブラシサイズ❺を設定して、輪郭の細部は気にせずに大まかに選択します。

 [クイック選択]ツール

4️⃣ [境界線調整ブラシ]ツール❻を選択し、ブラシサイズ❼を小さく変更して選択対象の境界をドラッグすると、背景が消えて細部のみが選択されます。繊細な綿毛が自動で検出されます。

 [境界線調整ブラシ]ツール

5️⃣ [表示モード]の[表示]を[白黒]❽に切り替えます。Kを押しても[白黒]が選択できます。

6 選択できていない箇所がある場合は[ブラシ]ツールで塗りつぶします。広い範囲は[なげなわ]ツールも利用します。

7 仕上げに、[表示モード]の[表示]を[レイヤー上]❾に切り替えて細部を確認します。Yを押しても[レイヤー上]が選択できます。必要に応じて[境界線調整ブラシ]ツールで調整します。

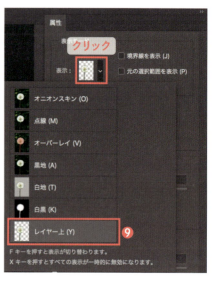

[Point]

さらに詳細に調整するには、[属性]パネルの[エッジの検出]や[グローバル調整]を使用します(Tip80・81参照)。

Part 6　［選択とマスク］完璧マスター

［エッジの検出］はどのような機能？

⬇

[選択範囲の境界線を調整する幅を指定する]

［エッジの検出］は、境界線がきれいに選択できていない場合に使用します。［半径］の数値を大きくするほど、境界線を調整する幅が広くなります。初期設定の［半径］は［0 px］に設定されています。

1 ［選択とマスク］ワークスペースで［クイック選択］ツールと［境界線調整ブラシ］ツールを使用して選択範囲を作成し（Tip79参照）、Aを押して［属性］パネルの［表示モード］を［表示：黒地］、［不透明度：100%］❷に設定しています。

利用写真:http://www.ashinari.com/2014/09/14-390390.php

②　［属性］パネルの［エッジの検出］の［半径］の数値は調整する幅を指定します。大きくすると、境界線の毛並みが多く選択範囲に含められます。

③　［半径:15px］にすると、境界線の毛並みがきれいに選択されます。

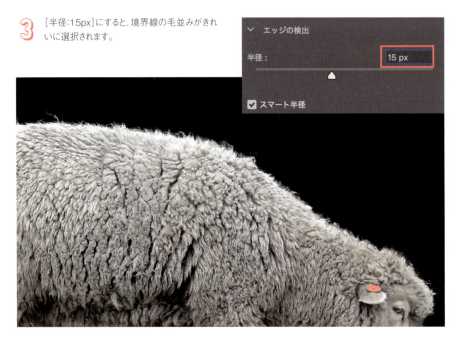

4. ［スマート半径］は、画像の状態から境界線の幅を自動的に調整する機能です。人や動物の毛など複雑な形や、柔らかい形、背景となじんでいる形を選択をする場合は、［スマート半径］にチェックを入れたほうがよい結果になることが多くなります。この画像ではチェックを入れたほうがより自然に毛並みが選択されています。画像の内容によって結果が異なるので、チェックのあり・なしを両方試すとよいでしょう

［スマート半径］チェックなし

［スマート半径］チェックあり

Part 6　［選択とマスク］完璧マスター

Tip 81

［グローバル調整］はどのような機能？

↓

［ 選択範囲の境界線を詳細に調整する ］

［グローバル調整］は境界線の最後の仕上げとして、［滑らかに］［ぼかし］［コントラスト］［エッジをシフト］を微調整します。境界線の状態に応じて必要な項目を選び、適量で設定できるようになりましょう。

1 ［選択とマスク］ワークスペースで［クイック選択］ツールと［境界線調整ブラシ］ツールを使用して選択範囲を作成し（Tip79参照）、Kを押して［属性］パネルの［表示モード］の［表示］を［白黒］①に設定しています。

2 ［属性］パネルの［グローバル調整］②で、選択範囲の境界線の微調整を行います。

利用写真:http://www.ashinari.com/2012/12/19-374191.php

3️⃣ ［滑らかに］は、境界線の滑らかさを設定します。荒い境界線の場合、数値を大きくすると滑らかになります。

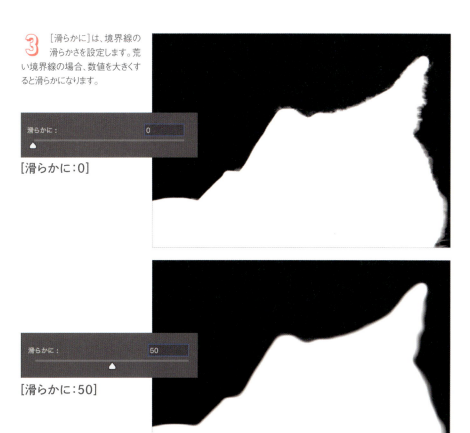

［滑らかに：0］

［滑らかに：50］

4️⃣ ［ぼかし］は、境界線のぼかしを設定します。柔らかな境界線に仕上げることができます。

［ぼかし：0px］

[ぼかし：5px]

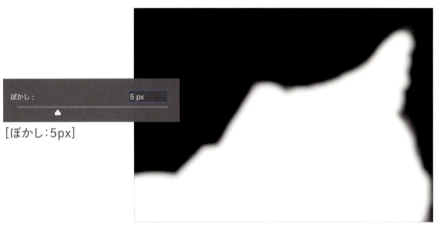

5 [コントラスト]は、境界線のシャープさを設定します。ボケ足の強い境界線の場合、数値を大きくするとはっきりします。

[コントラスト：0%]

[コントラスト：100%]

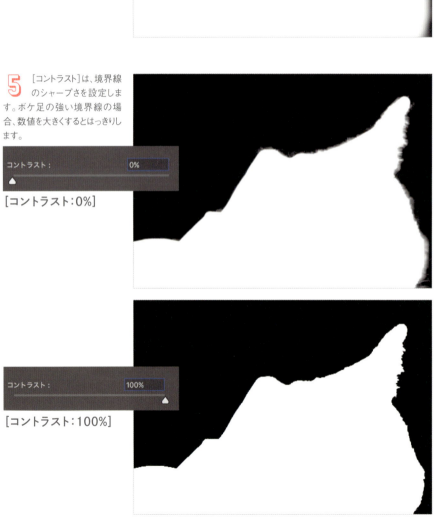

6 ［エッジをシフト］は、−（マイナス）の数値にすると境界線の位置が内側に、＋（プラス）の数値にすると外側に移動します。不要な背景が選択されてしまった場合、−（マイナス）に設定すると、境界線から不要な背景が削除できます。

> **［ Point ］**
> ［表示モード］を［表示：黒地］、［不透明度：100%］に設定しています。

［エッジをシフト：0%］

［エッジをシフト：+50%］
選択範囲を外側に移動すると、不要な背景まで選択範囲に含まれてしまいます。

［エッジをシフト：−50%］
選択範囲を内側に移動しています。

Part 6 ［選択とマスク］完璧マスター

Tip
82

［不要なカラーの除去］にチェックを入れたほうがよい?

↓

[色の置換なので背景が黒や白の切り抜き利用に有効
選択範囲やレイヤーマスクには関係ない]

［不要なカラーの除去］にチェックを入れると、境界線に残るフリンジ（不要なカラー）を、境界線に隣接するピクセルカラーの平均値を自動的に判断し、置き換えて除去することができます。背景が黒や白の場合は、フリンジが目立つのでチェックを入れたほうが、境界線がきれいに見えます。

1 ［選択とマスク］ワークスペースで［クイック選択］ツールと［境界線調整ブラシ］ツールを使用して選択範囲を作成し（Tip79参照）、Ⓐを押して［属性］パネルの［表示モード］を［表示:黒地］❶、［不透明度:100%］❷に設定しています。

利用写真:http://www.ashinari.com/2013/07/24-380563.php

2. ［属性］パネルの［出力設定］の［不要なカラーの除去］にチェックを入れると、境界線のピクセルカラーを置換しフリンジを目立たなくすることができます。

［不要なカラーの除去］に
チェックなし

境界線に緑色のフリンジがあります。

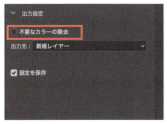

［不要なカラーの除去］に
チェックあり

フリンジが除去されます。

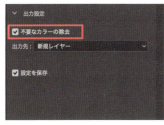

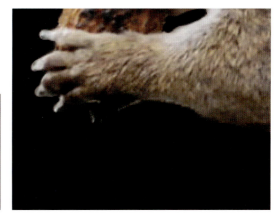

3. ［不要なカラーの除去］にチェックを入れると、ピクセルカラーを変更するため、［出力先］として［選択範囲］と［レイヤーマスク］は選択できません（グレー表示になります）。

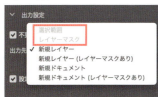

(Point)

フリンジを除去する方法として、［レイヤー］パネルで切り抜き画像を選択し［レイヤー］メニューの［マッティング］の［フリンジ削除］［黒マット削除］［白マット削除］の項目を選択することもできます（Tip57参照）。

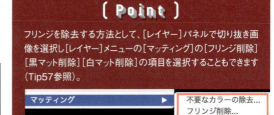

145

Part 6　　[選択とマスク]完璧マスター

[選択とマスク]で調整した選択範囲の使い方は?

[出力設定]の[出力先]の項目で利用方法を選択する

選択範囲の境界線の調整が終わったら、選択範囲をどのような形態で出力するのかを選択します。[選択範囲]と[レイヤーマスク]を選択すると、元画像に上書きされるので必要に応じて複製を作成しておきます。[不要なカラーの除去]にチェックを入れると、[選択範囲]と[レイヤーマスク]は選択できなくなります。

1 [出力設定]の[出力先]にある[∨]ボタン❶をクリックして選択範囲の出力先を選択し、[OK]ボタンをクリックします。

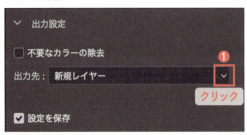
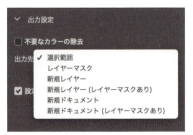

[選択範囲]
選択範囲として出力され、元の選択範囲に上書きされます。

146　　　　　　　　　　　　　　　　　利用写真:http://www.ashinari.com/2012/11/25-373386.php

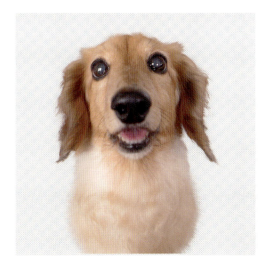

[レイヤーマスク]

レイヤーマスクを作成して出力され、元画像に上書きされます。

[新規レイヤー]

画像を切り抜いて新規レイヤーに出力されます。[背景］は非表示になります。

［新規レイヤー（レイヤーマスクあり）］　画像全体をコピーした新規レイヤーに、レイヤーマスクを作成して出力されます。「背景」は非表示になります。

［新規ドキュメント］　元画像とは別に、新規ドキュメントに画像が切り抜いて出力されます。

［新規ドキュメント（レイヤーマスクあり）］　元画像とは別に、画像全体をコピーした新規ドキュメントに、レイヤーマスクを作成して出力されます。

Tip 84 [選択とマスク]の設定を保持しておきたい

↓
[[設定を保存]にチェックを入れて保持
[ワークスペースをリセット]は設定の変更を破棄]

［属性］パネルの［設定を保存］にチェックを入れると設定が保存され、次に［選択とマスク］ワークスペースで操作する際、同じ設定が表示されます。同じような写真の境界線を何枚も調整する場合に便利です。

設定を保持する

［選択とマスク］ワークスペースの［出力設定］の［設定を保存］❶にチェックを入れておくと、設定内容が保持されます。次に、同じような画像の選択範囲の境界線を調整する際、設定内容がひとつの目安になるので便利です。

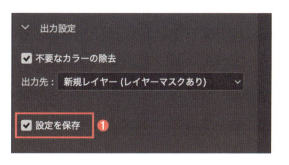

設定の変更を破棄する

［ワークスペースをリセット］アイコン❷をクリックすると、［選択とマスク］ワークスペースを起動したときの設定に戻すことができます。ワークスペースで設定を調整していた場合は、そこまでの変更は破棄され、最初からやり直すことができます。

[Point]
［選択とマスク］ワークスペースの初期設定に戻したいときは［設定を保存］のチェックを外して[OK]ボタンをクリックします。

Part 6　[選択とマスク]完璧マスター

レイヤーマスクを[選択とマスク]で調整したい

[環境設定でレイヤーマスクのサムネールを ダブルクリックで[選択とマスク]を起動させる]

[レイヤー]パネルで設定したレイヤーマスクは、[選択とマスク]ワークスペースで調整することができます。レイヤーマスクのサムネールをダブルクリックして[選択とマスク]ワークスペース起動するほか、[属性]パネルの[選択とマスク]ボタンをクリックしても起動します。

レイヤーマスクのダブルクリックで起動する

1　レイヤーマスクのサムネールをダブルクリックして[選択とマスク]ワークスペースを起動するには、[Photoshop CC]（Windowsは[編集]）メニューの[環境設定]→[ツール]を選択して表示される[環境設定]ダイアログボックスの[レイヤーマスクをダブルクリックしたときに選択とマスクワークスペースを起動]にチェックしておきます。

[Point]

[レイヤー]パネルのレイヤーマスクのサムネールを最初にダブルクリックしたときに、[選択とマスク]ワークスペースを開くか[属性]パネルを表示するかを選択するダイアログボックスが表示されます。そのとき選択した方法が環境設定に保存されています。

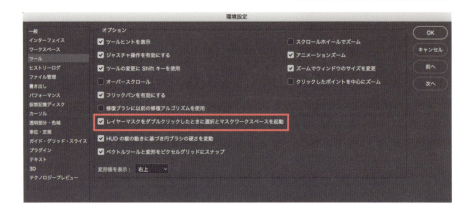

150　利用写真:http://www.ashinari.com/2013/04/26-378103.php

②　[レイヤー]パネルのレイヤーマスクのサムネール❶をダブルクリックすると、[選択とマスク]ワークスペースが起動します。

③　調整後は[属性]パネルの[出力設定]の[出力先]を[レイヤーマスク]❷に選択し[OK]ボタンをクリックすると、元画像のレイヤーマスクに上書きされます。[出力設定]の[不要なカラーの除去]❸にチェックが入っていると、[レイヤーマスク]が選択できませんので注意してください（Tip82参照）。

[属性]パネルから起動する

[レイヤー]パネルのレイヤーマスクのサムネール❹をクリックして選択し、[ウィンドウ]メニューの[属性]を選択すると[属性]パネルの[レイヤーマスク]が表示されるので、[調整]の[選択とマスク]ボタン❺をクリックして、[選択とマスク]ワークスペースを起動することもできます。

151

Part 6　　[選択とマスク]完璧マスター

Tip 86

髪の毛をすばやくきれいに選択したい

↓

[[ペン]ツールで大まかに選択してから
[境界線調整ブラシ]ツールで髪の毛をドラッグする]

繊細な髪の毛をきれいに選択するには、背景を白にするなど、人物と背景のコントラストが大きいことが条件になります。ここでは、[ペン] ツールで輪郭を大まかに選択し、パスを選択範囲に変換してから [選択とマスク] ワークスペースの [境界線調整ブラシ] ツールで髪の毛を選択する方法を紹介します。

1 [ペン]ツールで髪の毛は大まかに選択し、それ以外は人物の輪郭に沿って選択します。

　[ペン]ツール

2 パスが選択されている状態で、[パス]パネルの[パスを選択範囲として読み込む]ボタン❶をクリックし、パスを選択範囲に変換します

[Point]
「作業用パス」は、あとで利用するなら名前をつけて保存しておくと安心です(Tip30参照)。

152　　利用写真:http://www.ashinari.com/2013/01/15-375110.php

3. ⌘＋Option＋Rを押して、[選択とマスク]ワークスペースを起動します。作業しやすいように、Vを押して[属性]パネルの[表示モード]の[表示]を[オーバーレイ]❷に設定します。

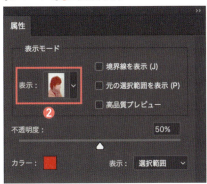

4. [境界線調整ブラシ]ツールを選択し、オプションバーでブラシのサイズを設定して、髪の毛部分をドラッグします。髪の毛が自動で検出されます。

[境界線調整ブラシ]ツール

5. Aを押して[表示モード]を[表示:黒地]❸、[不透明度:100%]❹に設定して髪の毛の選択を確認します。

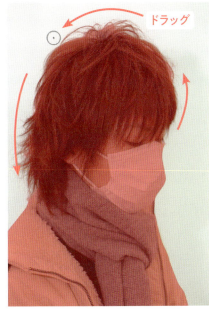

6 白いフリンジが目立つので、[出力設定]の[不要なカラーの除去]❺にチェックを入れます。

チェックなし

チェックあり

7 [出力設定]の[出力先]を設定します(ここでは[新規レイヤー(レイヤーマスクあり)])❻。そして、[OK]ボタンをクリックします。繊細な髪の毛がきれいに選択され、選択範囲が新規レイヤーに、レイヤーマスクを作成して出力されました。

Part 6　［選択とマスク］完璧マスター

Tip 87

柔らかく曖昧な輪郭をすばやく選択したい

↓

［全体を大まかに選択して［エッジの検出］の［半径］と［スマート半径］で境界線を調整する］

背景となじんだ柔らかく曖昧な形を選択するには、［境界線調整ブラシ］ツールより、［エッジの検出］の［半径］と［スマート半径］で境界線を調整するほうが簡単に操作できます。［グローバル調整］で詳細に仕上げていきます。

1 ⌘＋Option＋Rを押して、［選択とマスク］ワークスペースを起動します。作業しやすいように、Vを押して［属性］パネルの［表示モード］の［表示］を［オーバーレイ］に設定します。

2 ［クイック選択］ツールを選択し、オプションバーでブラシのサイズを設定して、対象物をドラッグして選択します。

　［クイック選択］ツール

利用写真：http://www.ashinari.com/2013/04/26-378103.php

3 　Ⓐを押して［表示モード］を［表示：黒地］❶、［不透明度：100％］❷に設定して対象物の選択を確認します。

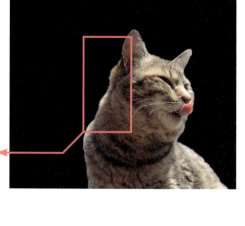

4 　［エッジの検出］の［スマート半径］❸にチェックマークを入れ、［半径］に大きな数値を入力します❹（ここでは90px）。柔らかな毛並みが自動で検出されます。

5 ［グローバル調整］で境界線を詳細に設定します。境界線を少しぼかすために［ぼかし：0.2px］❺、不要な背景が選択されているので［エッジをシフト：－15％］❻に設定します。フリンジを除去するために、［出力設定］の［不要なカラーの除去］❼にチェックを入れます。

6 ［出力設定］の［出力先］を設定します（ここでは、［新規レイヤー（レイヤーマスクあり）］）❽。設定が終わったら［OK］ボタンをクリックします。柔らかな毛並みがきれいに選択され、選択範囲が新規レイヤーに、レイヤーマスクを作成して出力されました。

選択範囲とマスクでよく使うショートカットキー一覧

⌘+Z	（直前の操作の）取り消し（アンドゥ）
⌘+Option+Z	[1段階戻る]で操作を遡って取り消し
⌘+K	[環境設定]ダイアログボックスを表示
⌘+R	[定規]を表示（ガイドを作成できる）
⌘+N	[新規ドキュメント]ダイアログボックスを表示 （コピー後に選択範囲のサイズでドキュメントを作成できる）

⌘+H	選択範囲の点線を非表示にする（[表示]→[エクストラ]）
⌘+A	[すべてを選択]で画像全体を選択
⌘+D	[選択を解除]
⌘+Shift+D	[再選択]

⌘+I	[階調の反転]でマスクの白黒を反転
⌘+Shift+I	[選択範囲を反転]
⌘+Option+G	[クリッピングマスクを作成]

⌘+J	選択範囲をコピーした新規レイヤーを作成
⌘+Shift+J	選択範囲をカットして新規レイヤーを作成
⌘+Option+J	選択範囲をコピーして[新規レイヤー]ダイアログボックスを表示
⌘+Shift+Option+J	選択範囲をカットして[新規レイヤー]ダイアログボックスを表示

Option+Delete	描画色で塗りつぶす
⌘+Delete	背景色で塗りつぶす
Shift+Delete （WindowsはShift+Backspace）	[塗りつぶし]ダイアログボックスを表示
Shift+F5	[塗りつぶし]ダイアログボックスを表示
Shift+F6	[境界をぼかす]

選択系ツールで ↑ ↓ ← →	選択範囲を1pxずつ移動
選択系ツールで Shift+ ↑ ↓ ← →	選択範囲を10pxずつ移動

ショートカットキーは初期設定のものです。[編集]メニューにある[キーボードショートカット]（⌘+Option+Shift+K）で、初期設定のショートカットを変更したり、ショートカットがないコマンドに新たにショートカットをつけることができます。

D	[描画色と背景色を初期設定に戻す]
X	[描画色と背景色を入れ替え]
B	[ブラシ]ツールを選択

M	[長方形選択]ツールグループを選択
L	[なげなわ]ツールグループを選択
W	[クイック選択]ツールグループを選択
Shift +ツール選択キー	サブツールを順に選択

Spacebar	一時的に[手のひらツール]にして画面をドラッグして移動できる
Spacebar	[長方形選択]ツール・[楕円形選択]ツールでドラッグ中に位置を移動できる

⌘+クリック

▶ レイヤーマスクサムネール・パスサムネール・チャンネル　　　選択範囲の呼び出し

▶ [パス]パネル・[レイヤー]パネルの[レイヤーマスクを追加]ボタン ベクトルマスクを追加

Shift +クリック

▶ レイヤーマスクサムネール・ベクトルマスクサムネール　マスクの一時無効

Option +クリック

▶ ツールボタン　　　　　　　　　　　　　　　　　　　サブツールを順に選択

▶ レイヤーマスクサムネール　　　　　　　　　　　　　レイヤーマスクの表示

▶ レイヤーの境界　　　　　　　　　　　　　　　　　　クリッピングマスクにする

⌘+ Shift +クリック

▶ レイヤーマスクサムネール・パスサムネール・チャンネル 選択範囲の追加

⌘+ Option +クリック

▶ レイヤーマスクサムネール・パスサムネール・チャンネル 現在の選択範囲から一部削除

Shift +ドラッグ

▶ [長方形選択]ツール・[楕円形選択]ツールで　　　　正方形・正円で選択範囲を作成

Option +ドラッグ

▶ [長方形選択]ツール・[楕円形選択]ツールで　　　　中心から選択範囲を作成

▶ [移動]ツール([選択]ツール+⌘)で選択範囲　　　選択範囲をコピー

ツールを選ぶショートカットキーは、同じツールグループ内のツールを切り替えるには Shift キーを併用しますが、環境設定(⌘+ K)の[ツール]にある[ツールの変更にShiftキーを使用]のチェックを外せば、 Shift キーなしでグループ内のツールが切り替えられて便利です。

159

柘植
ヒロ
ポン

Tsuge Hiropon

グラフィックデザイナー。横浜美術大学
美術学部 美術・デザイン学科 非常勤講
師。デザインベーシック、DTP、アプリケー
ション関連の書籍の企画、レイアウト、執
筆を多数手がける。近著に「世界一わかり
やすいPhotoshop 操作とデザインの教
科書 CC/CS6対応版」(共著)(技術評
論社)、「やさしい配色の教科書」(単著)、
「プロとして恥ずかしくない 新・配色の
大原則」(共著)(共にエムディエヌコーポ
レーション)などがある。

[アートディレクション&デザイン]
藤井耕志(Re:D Co.)

[編集]
和田 規

超時短Photoshop
「選択範囲とマスク」
速攻アップ！

2017年12月12日　初版　第1刷発行

[著　者]　柘植ヒロポン
[発行者]　片岡 巌
[発行所]　株式会社技術評論社
東京都新宿区市谷左内町21-13
電話 03-3513-6150　販売促進部
　　　03-3267-2272　書籍編集部
[印刷／製本]　図書印刷株式会社

定価はカバーに表示してあります。
本書の一部または全部を著作権の定め
る範囲を越え、無断で複写、複製、転載、
データ化することを禁じます。

©2017　柘植ヒロポン

造本には細心の注意を払っておりますが、万一、乱
丁(ページの乱れ)や落丁(ページの抜け)がございま
したら、小社販売促進部までお送りください。送料小
社負担でお取り替えいたします。

ISBN978-4-7741-9428-8　C3055
Printed in Japan

お問い合わせに関しまして

本書に関するご質問については、下記の
宛先にFAXもしくは弊社Webサイトから、
必ず該当ページを明記のうえお送りくださ
い。電話によるご質問および本書の内容
と関係のないご質問につきましては、お答
えできかねます。あらかじめ以上のことをご
了承の上、お問い合わせください。なお、ご
質問の際に記載いただいた個人情報は
質問の返答以外の目的には使用いたしま
せん。また、質問の返答後は速やかに削
除させていただきます。

宛先:〒162-0846
東京都新宿区市谷左内町21-13
株式会社技術評論社　書籍編集部
『超時短Photoshop
「選択範囲とマスク」速攻アップ!』係
FAX:03-3267-2269
技術評論社Webサイト
http://gihyo.jp/book/